FABIAN BRUNNER

NATURGESETZ KLIMAWANDEL

Das Versprechen der Energiewende
und ihr Scheitern in der Praxis

1. Auflage 2021
Copyright © 2021 Dr. Fabian Brunner
Satz, Gestaltung & Layout Markus Vahlefeld
Unter Verwendung der Stock-Illustration-ID:498571115
sepio
Brünner Str. 8
04209 Leipzig

Printed in Germany

ISBN: 978-3-754920-99-2

Bibliografische Information der Deutschen National-bibliothek

Die Deutsche Nationalbibliothek verzeichnet diese Publikation in der Deutschen Nationalbibliografie; detaillierte bibliografische Daten sind im Internet über http://dnb.d-nb.de abrufbar.

INHALT

Vorwort 9

I. Energiepolitik: der energierechtliche Rahmen 21
- Kategorien energiepolitischer Maßnahmen 26
- Die Bedeutung von Regulierung 29
- Exkurs: Kohlenstoffdioxid 37
- Instrumente der Regulierung 45
- Internationale Klimadiplomatie 51

II. Energiemärkte: die energiepolitischen Vorgaben 61
- Instrumente der europäischen Klimaschutzpolitik 67
- Die Verengung auf Kohlendioxidemissionen und die Konsequenz für die deutsche Automobilindustrie 77
- Green Finance und Nachhaltigkeitstaxonomie 89

III. Energiewirtschaft: die energiewirtschaftliche Umsetzung 99
- Stromnetze und deren Blackout als Achillesferse 103
- Europa will nachhaltig werden 111
- Der Preis der Dekarbonisierung 120
- Die Illusion von sauberer Energie 130
- Wirtschaftliche Prosperität braucht bezahlbare Energie 137

IV. Alternative Wege 145
V. Schlussbetrachtung 159
VI. Fußnoten- und Literaturverzeichnis 168

Vorwort

Es gibt kaum ein Thema, dass die Menschen so miteinander verbindet wie die Entwicklung des uns jeweils umgebenden Klimas. Aber bereits an diesem Punkt beginnt die Komplexität der Thematik. Gibt es tatsächlich EIN globales Klima oder vielmehr weltweit verschiedene Klimazonen? Worin unterscheiden sich Wetter und Klima? Wie viel Veränderung ist in der Grunddisposition des Weltklimas als natürlicher Prozess angelegt? Momentan schafft es die zu beobachtende Erderwärmung, häufig als Klimawandel gefasst, in vielen Ländern der westlichen Welt auf die vorderen Plätze der politischen Agenda. Beim G8-Gipfel im deutschen Heiligendamm war 2007 der weltweite Klimawandel zum ersten Mal ein ganz zentrales Thema.[1] Die hohe Sensibilität, mit der die durchschnittliche Erdtemperatur auf kleinste Veränderungen des atmosphärischen Gehalts an Treibhausgasen, insbesondere die Kohlenstoffdioxidkonzentration regiert, ist mittlerweile in der öffentlichen Diskussion als zentrale Herausforderung definiert.

Als ursächlich für den Kohlenstoffdioxidanstieg in der Erdatmosphäre betrachtet man wiederum die menschengemachten (anthropogenen) Emissionen. Gradmesser in der öffentlichen Diskussion ist dafür die heute seit der Industrialisierung um etwa ein Grad Celsius erhöhte durchschnittliche Erdtemperatur sowie die im gleichen Zeitverlauf erkennbare Zunahme der Kohlenstoffdioxidkonzentration im direkten Vergleich zwischen vorindustrieller und heutiger Zeit. Freie Polkappen, Schmelzen der Gletscher, Anwachsen des Meeresspiegels, Zunahme extremer Wetterereignisse werden in diesem Zusammenhang häufig als sichtbare Zeichen des Klimawandels erachtet. Die Begrenzung des globalen Temperaturanstiegs auf 2 Grad Celsius (beziehungsweise 1,5 Grad Celsius)[2] gilt in der westlichen Welt deshalb vielen als dringend gebotene Antwort der Menschheit darauf. Die Etablierung entsprechend restriktiver politischer Maßnahmen wird dabei häufig als unabdingbar erachtet.

Doch abgesehen von diesem großen, global weitgehend akzeptierten Konsens unter den Völkern, dass eine exzessive Erderwärmung mit weitreichenden negativen Folgen für die Menschheit verbunden wäre, der es angemessen zu begegnen gilt, bestehen bereits für die direkt daran knüpfenden Fragen – zum Beispiel nach der richtigen, angemessenen Reaktion auf den Klimawandel, nach der Verantwortlichkeit im Handeln oder nach dem Umgang mit den entstehenden Kosten – international keine eindeutigen konsensualen Antworten.[3] Zwar wurde über die verschiedenen internationalen Klimaschutzabkommen ein globales Bewusstsein dafür geschaffen, allerdings variieren die konkret ergriffenen Maßnahmen der einzelnen Nationalstaaten doch deutlich voneinander und reichen vom Einsatz sogenannter erneuerbarer Energien (sachlich richtig, muss man eigentlich eher von volatilen Energien sprechen) über Forschungs- und Entwicklungsprogramme bis hin zu Richtlinien und Gesetzen oder aber teilweise auch gar keiner Reaktion.[4]

Zudem wurden die internationalen Klimaabkommen (wie zum Beispiel Kyoto oder Paris) zwar von zahlreichen Staaten ratifiziert, doch die Unterschrift blieb für viele der unterzeichnenden Staaten folgenlos. Die Emissionen wurden häufig kaum wirksam begrenzt und Abweichungen selten sanktioniert. Hinzu kommt, dass -einige Länder mit hoher anthropogener Emissionslast die Grundhypothesen der Klimaabkommen nicht teilen und sich entsprechend den darin formulierten Beschränkungen auch nicht unterwerfen. Und selbst bei den Ländern, die sich im Bereich Klimaschutz im Geiste der Klimaabkommen verhalten, reichen die unternommenen Anstrengungen häufig kaum, um die eingegangene Selbstverpflichtung zu erreichen. In der Konsequenz setzt sich der Trend beim Anstieg der weltweiten Kohlenstoffdioxidemissionen bisher ungebrochen fort.

Heute befindet sich die Politik der westlichen Welt deshalb mit ihren Bemühungen zum Klimaschutz in einem unauflösbaren Spannungsfeld: Da sind zum einen die von der Politik geschürten Wünsche der Bürger nach umfassendem Klimaschutz und Daseinsfürsorge, zum anderen geht es aber auch um Akzeptanz in der Bevölkerung, was eng an Bezahlbarkeit sowie Versorgungssicherheit von/mit Energie (soziale + wirtschaftliche Komponente) geknüpft ist. Aspekte, die sich gegenseitig beeinflussen, also nicht gegeneinander ausoptimieren lassen, gleichzeitig kaum unmittelbare politische Rendite versprechen – welcher Politiker kann mit Versorgungssicherheit schon punkten? – und schließlich immer eine Entscheidung beziehungsweise Priorisierung hinsichtlich der primär zu verfolgenden Zielsetzung erforderlich machen.

Erschwerend kommt hinzu, dass die Fragen rund um das Thema Klima interdisziplinäre, teilweise hochkomplexe Antworten auslösen. Trotz dieser Komplexität reagieren Medien und Politik jedoch häufig mit stark simplifizierten Antworten und werden so dem Thema meist nicht gerecht. Es ist also an der Zeit, die weltweiten Klimaschutzbemühungen einer Überprüfung zu unterziehen. Darum bemüht sich das vorliegende Buch. Als Blaupause dafür und somit als Bezugspunkt für dieses Buch eignet sich idealerweise Deutschland – eingebettet im europäischen Kontext – das sich unter den Nationen im Namen des Klimaschutzes besonders engagiert zeigt. Kein anderes Land betreibt mit so viel Verve unter dem Stichwort „Energiewende" ein so großes energiewirtschaftliches Experiment mit offenem Ausgang für die eigene Volkswirtschaft. Kaum ein anderes Land ist so von der Richtigkeit des eigenen Weges überzeugt mit der Konsequenz, dass als Rechtfertigung für die national ergriffenen Klimaschutzmaßnahmen der Vorbildcharakter und die Animation zum Nachahmen durch andere Nationen angeführt wird.[5]

Im Jahr 2021 erlangt Klimaschutz – der eigentlich nur global wirken kann[6] – in Deutschland sogar grundrechtlichen Charakter. Der deutsche Bürger hat also forthin einen grundrechtlichen Anspruch auf Klimaschutz. Konkret monierte im Frühjahr 2021 das höchste deutsche Gericht in seinem Urteil zum Klimaschutzgesetz der Deutschen Bundesregierung, dass die dort enthaltenen Vorgaben für die Emissionsreduktion bis zum Jahr 2030, nicht aber darüber hinaus gelten. Die fehlende Fortschreibung der Minderungsziele für den Zeitraum ab dem Jahr 2031 wurde als eine Grundrechtverletzung qualifiziert. Mit Blick auf die in Konsequenz aus dem Urteil resultierenden, sehr weitreichenden, die Freiheiten der Bürger beschneidenden Klimaschutzmaßnahmen der Regierung konnte das Gericht hingegen keine grundrechtliche Verletzung erkennen.[7] Das Bundesverfassungsgericht übernahm in Sachen Klimaschutz damit also eine politische Position und zeigt zugleich, welchen gesellschaftlichen Rang das Thema für die Deutschen hat.

Damit einhergehend schafft das Bundesverfassungsgericht mit dem sehr breit formulierten Urteil für den deutschen Staat auch eine umfassende Rechtfertigung, wenn nicht sogar Pflicht, im Namen des Klimaschutzes geeignete energiewirtschaftliche Maßnahmen zu initiieren, um das im Pariser Klimavertrag von 2015 formulierte Temperaturziel (Begrenzung der Erderwärmung auf unter 2 Grad) umzusetzen. Damit greift das Urteil des Bundesverfassungsgerichts tief in die Gestaltungsrechte künftiger deutscher Regierungen ein, ein Novum in der deutschen Geschichte und bislang auch einmalig in der Welt. Zwar wird in diesem Urteil auch auf die gesetzlichen Gestaltungsspielräume verwiesen, doch im Grunde entsteht damit eine gerichtlich einklagbare grundgesetzliche Pflicht mit im Moment noch unabsehbaren Konsequenzen für das Land. Aus heutiger Perspektive das jährliche nationale Emissionsaufkommen an Kohlenstoffdioxid für künftige Generationen im Voraus verbindlich festlegen zu wollen, ist ineffizient und ineffektiv. Für eine derartige Verengung bringen die kommenden Jahre in wirtschaftlicher und technologischer Hinsicht schlicht zu viel an im Augenblick noch unbekannter Veränderung und Innovation, um sich gerichtsfest so darauf zu fixieren. Es steht sogar zu befürchten, dass mit dem Urteil des deutschen Bundesverfassungsgerichts bestimmte innovative Entwicklungspfade verbaut oder zumindest stark erschwert sind.

Ganz abgesehen davon blenden Deutschlands höchste Richter mit diesem Urteil den globalen Charakter der Klimaerwärmung aus. Der deutsche Anteil an den weltweiten Kohlenstoffdioxidemissionen ist im Jahr 2021 kleiner 2 Prozent – China, USA und Indien kommen zusammen auf etwa 50 Prozent. Wenn Deutschland also die Pariser Klimaziele erfüllt, hat das für das Weltklima eine untergeordnete Bedeutung. Wenn jedoch das Entwicklungspotenzial künftiger Generationen so determiniert wird, wenn so tief in Freiheitsrechte von Bürger eingegriffen wird, sollte es in einer Demokratie unabdingbar sein, dass zu jeder Zeit den Bürgern beziehungsweise den von ihnen gewählten Abgeordneten die Möglichkeit offen steht, Weichenstellungen zu revidieren und über die zu ergreifenden Maßnahmen und deren Gewichtung im Lichte neuer Erkenntnissen zu anderen Schlüssen zu gelangen.

Zudem verliert man über das Preisschild dieser Fokussierung auf das Thema Klimaschutz in der öffentlichen Diskussion in Deutschland kaum ein Wort. Zum Beispiel darüber, dass für ein Industrieland Strom und dessen Bezahlbarkeit zu einem der wichtigsten Wettbewerbsfaktoren gehört, die Gesamtkosten der Strombereitstellung aus erneuerbaren Energien (zumindest im Augenblick) aber besonders hoch sind. Oder dass die Abkehr einer ganzen Nation von der konventionellen Erzeugung mittels fossiler Brennstoffe (Kohle, Gas, Kernbrennstoff) – wie es die ganze Welt praktiziert – mit Blick auf die Versorgungssicherheit im Augenblick noch ein Experiment mit ungewissem Ausgang ist. Oder dass die Umstellung der Energieversorgung allein auf Basis erneuerbarer Energien zur Abdeckung des Strombedarfs im Vergleich zur konventionellen Technik ein Vielfaches an Erzeugungskapazität erfordert, der Flächenverbrach dadurch also erheblich ansteigen wird. Oder dass mit Windrad und Solarpanele bei Herstellung, Bau, Betrieb, Rückbau und Entsorgung durchaus auch negative Effekte auf Flora und Fauna einhergehen (können).

Zweifellos ist es legitim, als Land dem Ideal der dekarbonisierten Gesellschaft zu folgen, doch sollte dann auch transparent sein, dass dieses Vorhaben mehr als „nur" Klimaschutz ist und deutlich mehr kosten wird als die berühmte Kugel Eis, die der damalige Bundesumweltminister Jürgen Trittin am 30. Juli 2004 ins Feld führte: „Es bleibt dabei, dass die Förderung erneuerbarer Energien einen durchschnittlichen Haushalt nur rund 1 Euro im Monat kostet – so viel wie eine Kugel Eis."[8] Dies wiegt dann umso schwerer, wenn aus der nationalen „Energiewende", ganz besonders auch auf deutsches Bestreben hin, ein europäisches Klimaprogramm – „Green deal" – wird. Es ist zumindest unredlich, „Energiewende" als auch „Green Deal" als vielversprechenden Weg zu präsentieren, um für die deutsche Volkswirtschaft respektive den europäischen Kontinent Klimaneutralität zu erreichen, ohne dabei nennenswert auf Wohlstand verzichten zu müssen.[9]

Zumal der eigentliche Stresstest, den Strombedarf der Deutschen beziehungsweise der Europäer kostenoptimiert und verlässlich primär aus erneuerbaren Energien decken zu müssen, noch aussteht. Bisher laufen die fossilen Kraftwerke noch. Und die aufgerufenen Preisschilder sprengen bereits jetzt die Vorstellungkraft, zumindest die des Autors. So verkündet die EU-Kommission mit Blick auf den europäischen „Green Deal", das bis 2030 in Europa eine Billion Euro an Investitionen für den Kampf gegen die Klimakrise, also rund 100 Milliarden pro Jahr aufgebracht werden sollen.[10] Das ist ein Geldbetrag, der a) erwirtschaftet werden muss, b) für andere gesellschaftsrelevante Fragestellungen nicht mehr zur Verfügung stehen kann und der c) so hoch ist, dass es dafür eigentlich zwingend eines gesellschaftlichen Konsenses bedurft hätte. Hält man sich zudem vor Augen, dass bezahlbare und verlässliche Energieversorgung kritische Erfolgsfaktoren für einen Wirtschaftsstandort sind, energieintensive Industrien angesichts hoher Stromkosten mithin gezwungen werden, in Länder außerhalb Europas mit niedrigeren Umweltstandards und geringeren

Kostenstrukturen auszuweichen, wird die Vielschichtigkeit der Entscheidung für „Energiewende" und „Green Deal" deutlich.

Die energiewirtschaftliche Rahmensetzung formt also auch die Struktur der Volkswirtschaft und prägt den sozialen Kontext einer Gesellschaft mit. Zumindest in Deutschland zeichnet sich in den vergangenen Jahren immer deutlicher ab, dass der Zusammenhang zwischen hohem Strompreis (für die Endkunden) und Energiepolitik an Bedeutung auf der politischen Agenda gewinnt und so politischer, gesellschaftlicher aber auch sozialer Druck entsteht. So erwächst beispielsweise gerade für einkommensschwache Haushalte aus der deutschen Energiepolitik zunehmend eine veritable Kostenbelastung und damit einhergehend ein spürbarer Kaufkraftverlust. „Wir brauchen eine Inflationsbremse, die an vielen Stellen ansetzt und gegensteuert. Zum Beispiel … bei den Energiekosten, wo der Staat vielfach als Preistreiber agiert. Die versprochene Strompreissenkung muss endlich in großem Umfang kommen … Die Verteuerungen z.B. beim Heizen kann und muss die Politik zurücknehmen und durch eine Klimapolitik ersetzen, die effektiv und bezahlbar ist.", forderte der Linksfraktionschef im Deutschen Bundestag, Dr. Dietmar Bartsch, im Wahlkampf zur Bundestagswahl 2021.[11]

Üblicherweise dient zur Nivellierung solcher verzerrenden Effekte eine ausgewogene Regulierung durch die Politik. Doch wie sich im Laufe des Buchs noch zeigen wird, ist es die deutsche Energiepolitik, die mit der aktuellen Standardsetzung dafür ganz maßgeblich verantwortlich ist.

An dieser Stelle sei betont, dass die Veränderung des Klimas ohne Frage eine wichtige und zentrale Herausforderung für die Menschheit ist. Ebenfalls unbestritten ist, dass es für ein solch komplexes und vielschichtiges Thema keine einfachen und schnellen Antworten geben kann. Es gilt also, Maßnahmen zu definieren und damit aktiv gegenzusteuern. Allerdings ist die Wahl der Mittel entscheidend, wie effektiv und effizient Politik damit umgeht.

Um die zahlreichen Fragestellungen einmal in der Gesamtschau betrachten zu können, bietet das vorliegende Buch einen klaren Blick darauf, was das Konzept „Energiewende" beziehungsweise „Green deal" eigentlich konkret bedeutet und welche Konsequenzen sich daraus vermutlich ableiten werden, aber auch wie sich die deutschen Bemühungen um Klimaschutz im internationalen Kontext darstellen und wie sich andere Volkswirtschaften beziehungsweise deren Energiewirtschaft auf die universale Herausforderung Klimaschutz einstellen. Die Beschäftigung damit lohnt, denn die im Namen des Klimaschutzes ergriffenen Maßnahmen werden Gesellschaft und Wirtschaft noch lange begleiten und künftige Generationen prägen.[12/13]

Zur besseren Strukturierung wird dieses Buch inhärent mit Fragekaskaden arbeiten. Fragen, die der inneren Logik der einzelnen Subthemen folgen, beispielsweise mit Blick auf die in Sachen Klima zentrale Rolle von Kohlenstoffdioxid. In diesem Zusammenhang hat der Autor, habe ich, sehr umfänglich auf im Internet verfügbare Informationen zurückgegriffen und diese dabei auch nach bestem Wissen und Gewissen zitiert. Zur besseren Lesbarkeit werden jedoch an einzelnen Stellen – entgegen der wissenschaftlichen Praxis – Zitationen vorgenommen, die auch Sätze zuvor einschließen, sofern ein Sinnzusammenhang besteht. Daran anknüpfend möchte ich mich an dieser Stelle noch bei den vielen Autoren der Internetbeiträge bedanken, die ich, da ohne Verfasser, nicht namentlich zitieren konnte.

I

Energiepolitik: Der energierechtliche Rahmen[1]

Um zu verstehen, wie politische Einflussnahme – beispielsweise mit dem Ziel, das Klima zu schützen – in die grundsätzlich freie Wirtschaft funktioniert, ist zunächst ein Blick auf die energiewirtschaftliche Regulierung erforderlich. In der volkswirtschaftlichen Theorie gelten staatliche Eingriffe in funktionierende Märkte als verzerrend und damit nachteilig, da in der Regel damit Fehlallokationen ausgelöst und die begrenzt vorhandenen Ressourcen so nicht optimal genutzt werden. Und doch existieren Ausnahmen. Die Energiewirtschaft gehört als Industrie dazu. Die meisten Länder der Welt regulieren die eigene Energiewirtschaft, da unterstellt wird, dass Energiemärkte aufgrund verschiedener Besonderheiten keine voll funktionsfähigen Märkte sein können.

Das Eingreifen des Staates wird durch das partielle Marktversagen auf Energiemärkten unter anderem wie folgt begründet:

a. Energie spielt für das Funktionieren einer Volkswirtschaft eine Schlüsselrolle, ist also Grundvoraussetzung für wirtschaftliche Aktivität und entsprechend schützenswert;
b. Energieerzeugung setzt die Nutzung von Mengen- und Größeneffekten voraus und wird damit zur gesamtgesellschaftlichen Frage;
c. fossile Brennstoffe bedingen zwischen Nationalstaaten ökonomische Abhängigkeiten, was wiederum weitreichende geopolitische Konsequenzen hat;
d. Energieerzeugung und -verbrauch gehen mit Effekten auf die Umwelt einher, die die Gesellschaft als Ganzes betreffen.

Aus volkswirtschaftlicher Perspektive wird also auf das Marktversagen von nationalen Energiemärkten abgestellt, um das Eingreifen des Staates zu rechtfertigen. Häufig sind es die sogenannten externen Effekte[2], mit der die Intervention des Staates erklärt wird. Allerdings besteht seitens der Politik eine gewisse Tendenz dazu, das konstatierte Marktversagen als Rechtfertigung für jegliche Art von Staatseingriff heranzuziehen. Zumindest auf dem deutschen Energiemarkt besteht die Tendenz, beim Abwägen von Alternativen zur staatlichen Intervention regelmäßig dem korrigierenden Eingriff den Vorzug zu geben.

Dies wiederum birgt jedoch die Gefahr, dass sich partielles Marktversagen zu Staatsversagen entwickelt und der Staat seine Ordnungsfunktion auf dem Energiemarkt überinterpretiert, was angesichts der Milliardenbeträge, die die Steuerzahler für „Energiewende" und „Green Deal" aufbringen müssen – um teilweise umstrittene energiepolitische Maßnahmen und wettbewerbsrechtliche Sonderregelungen zu finanzieren – zumindest ergebnisoffen diskutiert werden sollte. Man kann nämlich durchaus auch der Meinung sein, dass erst mit dem Eingriff des Staates die Grundlage für das heute weithin bemängelte Marktversagen im deutschen Energiemarkt und seinen Teilmärkten geschaffen wurde.

Was ist die Konsequenz daraus? Nachdem die Politik mit Blick auf die Energiewirtschaft partielles Marktversagen konstatiert, wird politische Einflussnahme möglich. Generell setzt politisches Handeln allerdings konkrete (energie-)politische Ziele voraus. In Deutschland ist das vor allem das sogenannte Zieldreieck der Energiepolitik[3], das auf Wirtschaftlichkeit (Bezahlbarkeit), Umweltverträglichkeit und Versorgungssicherheit gerichtet ist. Die energiepolitischen Vorhaben der Deutschen – die im Augenblick primär die Reduktion der nationalen Treibhausgase in den Mittelpunkt stellen – unterstehen diesem Zieldreieck und lassen sich auch nicht losgelöst davon betrachten.

Die konkreten (energie-)politischen Ziele der deutschen Bundesregierung manifestieren sich aktuell in einer viergliedrig priorisierten Zielarchitektur[4]:
- Ganz oben in der Zielhierarchie der Deutschen stehen die allgemeinen (energie-)politisch angestrebten Zielgrößen: a) Klima (= Senkung der Treibhausgasemissionen), b) Ausstieg aus der Kernenergie bis 2022 sowie c) Sicherstellung von Versorgungssicherheit und Wettbewerbsfähigkeit.

- Nachgelagert ist dann die Realisation dieser politischen Ziele. Dafür hat die deutsche Politik zwei grundlegende Strategien (Kernziele) definiert: a) Steigerung des Anteils erneuerbarer Energien am Endenergieverbrauch sowie b) Verbesserung der Energieeffizienz und Reduktion des Primärenergieverbrauchs.
- Aus diesen beiden Kernzielen leiten sich wiederum sektorenspezifische Steuerungsziele ab, indem die Kernziele für die einzelnen Sektoren (Strom, Wärme, Verkehr) konkretisiert und präzisiert werden.
- Schließlich gilt es, die Steuerungsziele durch konkrete, geeignete Maßnahmen wie beispielsweise Gesetze oder Förderprogramme in den jeweiligen Sektoren zu realisieren.

Eingebettet ist dieser Zielkanon in außerordentlich ambitionierte quantitative Vorstellungen davon, was die deutsche beziehungsweise europäische Volkswirtschaft als Beitrag zur politisch avisierten Dekarbonisierung leisten kann. Gleichzeitig zerfasert die energiepolitische Ausrichtung der deutschen Politik im Abstrakten: *„Mit der Energiewende will die Bundesregierung den Weg in eine sichere, wirtschaftliche und umweltverträgliche Zukunft der Energieversorgung beschreiten."*[5] Auch das ist zwar „nur" Energiepolitik, doch mit einer hinreichend unkonkreten energiepolitischen Ausrichtung lassen sich sämtliche Maßnahmen subsumieren, auch solche, die dem eigentlichen energiepolitischen Ziel gar nicht dienen. Zielstellungen, die teilweise so vage gehalten sind: *„Eine wirtschaftlich vernünftige Umsetzung der Energiewende trägt maßgeblich dazu bei, … die Wettbewerbs-*

fähigkeit unseres Landes zu stärken." [6], dass eine sinnvolle Analyse der Zielerreichung ausgeschlossen bleibt.

Dabei kann es ohne konkrete Zielstellung auch keine konkrete Energiepolitik geben: Konkretisierung, indem zum Beispiel quantitative Ausbauziele hinsichtlich der erneuerbaren Energien festgelegt – auch im Sinne einer Güterabwägung[7] – oder der Anteil staatlicher Abgaben an den durchschnittlichen Energiekosten generell begrenzt werden. Ohne diese Selbstbeschränkung ist das bereits jetzt zu beobachtende Ausufern der volkswirtschaftlichen Kosten kaum noch einzuhegen. Ganz abgesehen davon, resultiert schon heute aus der diffusen und kleinteiligen deutschen Energiepolitik bis auf Maßnahmenebene ein enormer Kontrollaufwand mit weitreichenden Eingriffen der Administration in die Selbstbestimmtheit von Gesellschaft und Wirtschaft. Verzerrungen des ökonomischen Gleichgewichts und hohe bürokratische Kosten sind unter anderem die Folge.

Die Heterogenität politischer Ambition beschränkt die Möglichkeiten einer ganzheitlichen Energiepolitik in Deutschland. Die Spannweite des deutschen energiepolitischen Engagements reicht heute von politischen Festlegungen – wie dem Kernenergieausstieg – über Absichtserklärungen – wie die Reduktion des Primärenergieverbrauchs – bis zu handfesten Ambitionen für einzelne Sektoren – wie Verkehr. Die zielführende Priorisierung wird so zwangsläufig zur Herausforderung, zumal die abgegebene Selbstverpflichtung der deutschen Bundesregierung von der Realität teilweise ungedeckt ist. Dass die Deutschen mit ihren energiepolitischen Maßnahmen gleichzeitig die kostengünstigste Lösung und eine optimale Systemintegration erzielen wollen, ist schon allein angesichts der Dimension der Aufgabe schlicht unwahrscheinlich.

Kategorien energiepolitischer Maßnahmen

Nationale Energiepolitik und die damit verbundenen Maßnahmen stellen auf ein komplexes System ab, das von einer ganzen Reihe externer und interner Faktoren beeinflusst wird. Diese Einflussfaktoren wiederum variieren zwar von Land zu Land und auch über die Zeit, die dahinterliegende Grundlogik ist jedoch auf der ganzen Welt gleich. So verschieden die energiepolitischen Zielsetzungen nationaler Regierungen sein mögen, die avisierte Lenkungswirkung wird von konkreten energiepolitischen Maßnahmen bestimmt, die sich im Kern überall auf der Welt systematisch sehr ähnlich sind. Für ein besseres Verständnis des energiepolitischen Instrumentenkastens soll nachfolgend die vorhandene Systematik skizziert werden.

Für die energiepolitische Klassifizierung ist vor allem die Unterscheidung zwischen ordnungsrechtlichen, marktwirtschaftlichen und sonstigen Maßnahmen gängig. Vor allem die ordnungsrechtlichen Auflagen und marktwirtschaftlichen Preislösungen gelten als wirkungsvolle Instrumente. Ordnungsrechtliche Auflagen sind in diesem Zusammenhang gleichbedeutend mit Verhaltensauflagen, deren Nichteinhaltung in der Regel sanktioniert wird. Was jede

Verhaltensauflage aus volkswirtschaftlicher Sicht mit allen anderen Auflagen jedoch gemeinsam hat, ist die Steuerung der gewünschten Verhaltensnorm über die Mengenseite. Typischerweise handelt es sich dabei um die Vorgabe von Höchstwerten für Schadstoffemissionen, oder bestimmte Produkteigenschaften. Das Fracking bei der Erdgasförderung in Deutschland vollständig zu verbieten, fällt beispielsweise in diese Kategorie.[8] Gleiches gilt für die energiewirtschaftliche Privilegierung von Windenergie oder den Ausbau des Übertragungsnetzes, auch das ein ordnungsrechtliches Instrument.

Marktwirtschaftliche Preislösungen setzen hingegen auf Impulse, die das Verhalten über pekuniäre Anreize via (Energie-)Steuern, Abgaben, Gebühren oder Zertifikaten beeinflussen. Die Einführung von sogenannten CO_2-Zertifikaten beispielsweise, auf die später im Buch noch genauer eingegangen wird, verteuert schlicht das Basisprodukt (als Träger der CO_2--Emissionslast), um darüber lenkende Wirkung zu entfalten. Ebenfalls in die Instrumentenkategorie (marktwirtschaftlicher) Preislösungen fallen Subventionen. Diese dienen dazu, ein Produkt oder eine Technologie durch Förderung wettbewerbsfähig beziehungsweise wettbewerbsfähiger werden zu lassen. Subventionen sind allerdings auch immer Steuergelder, die der Staat als Treuhänder investiert, und deshalb auch immer mit der moralischen Frage nach deren Opportunitätskosten verbunden. So wird von der deutschen Politik beispielsweise mit der Photovoltaiktechnik eine Erzeugungsart hoch subventioniert, deren ökonomischer Betrieb, wie sich später noch zeigen wird, zumindest in Deutschland schwer zu realisieren ist.⁹

Die sonstigen Maßnahmen schließlich setzen vor allem auf (freiwillige) Selbstverpflichtung. Eine sehr elegante Lösung, da dies in der Regel mit geringem Aufwand und niedrigen Kosten realisierbar und gleichzeitig sehr marktkonform und flexibel ist. Eine echte Herausforderung ist dabei allerdings, den geeigneten und angemessenen steuerungsrelevanten Zielwert zu etablieren. Steht dieser – durch die Politik gesetzte – Zielwert jedoch einmal fest, dann sind Realisation und Umsetzung der Zielerreichung Sache der verpflichteten Unternehmen. (Energie-)Politisch problematisch ist mit Blick auf die Selbstverpflichtung allerdings die Konsequenz beim Verfehlen des gewünschten Ergebnisses. Eigentlich wäre der Gesetzgeber in der Pflicht, bei Zielverfehlung das angestrebte Ziel über andere regulatorische Eingriffe zu erreichen, die dann allerdings umso stärker ausfallen müssen.

Eine Sonderform der sonstigen Maßnahmen ist die Informationsbereitstellung. Hierbei wird das Vorhandensein einer Informationsasymmetrie zwischen einer besser informierten Seite, dem Staat, UND einer schlechter informierten Seite, den Bürgern, befördert. Klassische Asymmetrien umfassen Informationen, die sich beispielsweise auf die Umweltverträglichkeit eines Produkts beziehen. Der Staat bedient sich dann groß angelegter Aufklärungs- und Informationskampagnen, wozu beispielsweise die Einordnung des Energieverbrauchs eines Kühlschranks anhand aufgebrachter Aufkleber gehört. In jüngster Zeit kommen in diesem Zusammenhang die Konzepte des sogenannten

Nudgings[10], des Schups in die richtige Richtung, sowie des Framings (in Abhängigkeit von der Formulierung einer Botschaft – bei gleichem Inhalt – lässt sich das Verhalten des Empfängers unterschiedlich beeinflussen) immer mehr in Mode. Es handelt sich in beiden Fällen um eine (Verhaltens-)Manipulation, um die Ursache für das vom Staat unerwünschte Verhalten zu nivellieren. Das ist allerdings nicht unumstritten, denn die offensichtliche Schwierigkeit hier liegt darin, dass Fürsorge und Ideologie nah beieinanderliegen, ein Staat es nie besser wissen kann und der mündige Bürger stets die Grenze der Handlungsleitung sein sollte.

Die Bedeutung von Regulierung

In den meisten nationalen Strom- und Gasmärkten Europas war ab 1990 für etwa 20 Jahre das Bestreben weg von staatlicher, hin wettbewerblicher Organisation zu beobachten. Damit einhergehend kam es innerhalb der europäischen Energiewirtschaft zu einer umfangreichen Marktreorganisation. Doch mit Beginn des neuen Jahrtausends färbte sich die gesellschaftliche Erwartungshaltung und der Ton im öffentlichen Diskurs ändert sich. Energiewirtschaft wurde wieder zunehmend als hoheitliche Aufgabe interpretiert. Trotz Marktöffnung ist die Energiewirtschaft heute vor allem aufgrund ihrer Leitungsgebundenheit teilweise weiterhin nicht voll wettbewerblich organisiert. Dies gilt jedoch nicht für sämtliche Wertschöpfungsstufen gleichermaßen. Während die vorgelagerten Marktstufen, wie Stromerzeugung und Gasexploration, aber auch die nachgelagerte Wertschöpfung wie Großhandel oder Gas- und Stromvertrieb durchaus im harten Wettbewerb stehen, lässt sich Wettbewerb in Strom- und Gasnetzen grundsätzlich nur bedingt etablieren.

Das natürliche Monopol Netz zieht schlicht einen allgemeinen Regulierungsbedarf nach sich. Entsprechend wird als Rechtfertigung der Politik für deren regulierende Eingriffe in die Energiewirtschaft häufig der Monopolcharakter des sogenannten Midstream-Bereichs (= im mittleren Teil der Wertschöpfungskette gelegen), also Transport- und Verteilnetze, vorgetragen. Dies hat allerdings seinen Preis. Wie bei jedem regulatorischem Eingriff zeigen auch Energiemärkte ökonomische Ineffizienzen infolge der regulierenden Eingriffe durch die Politik. In der Konsequenz werden weitere umfangreiche Reformmaßnahmen und Regulierungen nötig.

Insofern liegt der energiewirtschaftlichen Regulierung die grundsätzliche Überzeugung zugrunde, dass Wettbewerb auf Energiemärkten letztlich nur dann funktionieren kann, wenn die Energienetze – deren monopolistische Grunddisposition Wettbewerb ausschließt – reguliert sind. Die Herausforderung besteht – wie bei jeder Form des regulatorischen Eingriffs – darin, eine Abwägung zwischen volkswirtschaftlicher Effizienz und Wirtschaftlichkeit des ausführenden Unternehmens zu finden. In jüngster Zeit wird diese Frage häufig mit der von der Politik motivierten Re-Kommunalisierung der Stromversorgung, insbesondere der Netze[11] beantwortet. Die öffentliche Hand präsentiert sich dabei dem Bürger regelmäßig als der bessere „Unternehmer", was mithin natürlich nicht zwingend der Fall ist.

Aus Sicht der öffentlichen Hand geht es auf hoher Abstraktionsebene also im Kern um die Frage, wie der Midstream-Bereich der energiewirtschaftlichen Wertschöpfungskette reguliert werden kann, ohne dass dabei die Kosten dafür aus dem Ruder laufen. In der Theorie existieren dafür verschiedene Möglichkeiten. Die beiden wichtigsten regulatorischen Instrumente sind in diesem Zusammenhang die Entflechtung – als strukturelle Maßnahme – sowie – als preisregulierende Maßnahme – die Steuerung der Netznutzungsentgelte.

Das Instrument der Entflechtung greift in bestehende Marktstrukturen ein, zum Teil sogar direkt bis auf die Ebene des einzelnen Unternehmens. Energiepolitisch versteht man unter Entflechtung in erster Linie die Trennung zwischen Netzbereich und den „restlichen" Unternehmensteilen. Die europäische Regulierung sieht energiepolitisch den diskriminierungsfreien, kostengerechten und transparenten Netzzugang als Voraussetzung für einen funktionsfähigen und wettbewerbsorientierten Binnenmarkt. Dieser Denkansatz wiederum macht es erforderlich, dass Übertragungs- und Verteilnetzbetreiber auf rechtlicher, operationeller, informatorischer und buchhalterischer Ebene unabhängig sind. Im Ergebnis sind in Europa deshalb Netzbetrieb und alle anderen Unternehmensteile in der Energiewirtschaft voneinander getrennte beziehungsweise vertikal integrierte Unternehmen.[12]

Für die Trennung von Unternehmensteilen existieren wiederum regulatorisch verschiedene Methoden. Beliebt ist insbesondere das gesellschaftsrechtliche Unbundling. Hier wird der Netzbereich eines Energieversorgers in eine eigenständige Gesellschaft ausgegliedert. Explizit ist beim Unbundling geregelt, dass der Netzbereich im Besitz des ehemaligen Verbundunternehmens bleiben darf. Allerdings ist diese Form der Regulierung für den Endkunden teuer erkauft, da sämtliche shared services in der nun notwendigen Aufbau- und Ablauforganisation nicht mehr realisiert werden können und vom neuen Netzbereich nun selbst erbracht werden müssen.

Demgegenüber konzentriert sich die Steuerung der Netznutzungsentgelte – als zweites regulatorisches Instrument – auf die diskriminierungsfrei und kostengerecht erhobenen Entgelte. Innerhalb dieses Instruments existieren wiederum verschiedene Spielarten. In der europäischen Regulierungspraxis hat sich der kostenbasierte Ansatz etabliert, die sogenannte Cost-Plus-Regulierung. Hierbei wird dem Unternehmen eine Preissetzung gewährt, die sämtliche Kosten sowie einen „angemessenen" Gewinnzuschlag abdeckt. Darin liegt aber gleichzeitig auch die Schwäche des Ansatzes, nämlich die damit einhergehende unterdurchschnittliche Anreizsetzung, wirtschaftlich zu arbeiten. Jede Anstrengung des jeweiligen Netzbetreibers, die eigenen Kosten zu senken, wird mit niedrigeren zugestandenen Preisen „bestraft". Außerdem entsteht gleichzeitig ein hoher Informationsbedarf aufseiten der Regulierungsbehörde, was wiederum volkswirtschaftliche Ressourcen bindet.

Im Gegensatz zur Cost-Plus-Regulierung orientiert sich die Price-Cap-Regulierung an der allgemeinen Preisentwicklung, deren Daten leicht zu beschaffen und transparent sind. So entsteht für das einzelne Unternehmen ein Anreiz, sich kosteneffizient zu verhalten. Unter Effizienzgesichtspunkten besser als der Branchendurchschnitt zu sein, schlägt sich dann direkt im ökonomischen Erfolg des betreffenden Unternehmens nieder. Doch die einzuhaltenden Obergrenzen, die Caps, müssen definiert werden. Die Notwendigkeit zur Festlegung einer Grenze zwischen akzeptabel und inakzeptabel ist – trotz aller (häufig) wissenschaftlichen Begründung – zwangsläufig mit einem hohen Maß an Subjektivität seitens der Grenzwerte festlegenden Politik verbunden.

Ein klassisches Beispiel dafür bietet die europäische CO_2-Regulierung bei Pkws, deren Grenzwerte mehrfach verschärft wurden. Grundsätzlich dürfen die durchschnittlichen Emissionen der neu zugelassenen Fahrzeuge eines Herstellers in Europa einen gesetzlich fixierten Grenzwert in Gramm CO_2 pro gefahrenen Kilometer nicht überschreiten. Doch während ab 2015 für Pkws noch eine Zielgröße von 130 Gramm CO_2 galt, wurde diese für 2021 auf 95 Gramm reduziert.[13] Effizienzgewinne von knapp 30 Prozent innerhalb weniger Jahre zu realisieren, ist in einer technisch ausgereiften Industrie wie der Automobilwirtschaft extrem anspruchsvoll. Für die Verschärfung der festgelegten Obergrenze existiert ohne Frage auch eine Motivation – denkbar ist zum Beispiel die Förderung der Elektromobilität – dennoch muss die Definition der „richtigen" Zielgröße stets willkürlich bleiben. Hinzu kommt, dass überambitionierte Obergrenzen sich negativ auf die regulierten Unternehmen beziehungsweise die Produktqualität auswirken.

Grundsätzlich führt jede Form des regulierenden Eingriffs zu volkswirtschaftlich veränderten Anreizstrukturen. Gedanklicher Ausgangspunkt ist, dass eine wettbewerbliche Marktsituation gegenüber monopolistischen Strukturen für den Endkunden mit sinkenden Preisen und damit Wohlfahrtsgewinn verbunden ist. Doch auch in liberalisierten Märkten existiert kein Automatismus auf dauerhaft sinkende Preise. Ein Indiz dafür ist die Entwicklung der Strompreise. Die technischen Alternativen zur Erzeugung von Strom sind durch die Förderung der erneuerbaren Energien in den vergangenen Jahren erheblich gewachsen und damit einhergehend auch das Stromangebot. Eigentlich sollten also die (Strom-)Preise die tatsächliche Angebots- und Nachfragesituation abbilden, sprich, sich bei Knappheiten entsprechend erhöhen und bei Überschuss sinken. Doch zumindest in Deutschland steigen die Stromkosten für den privaten Endkunden kontinuierlich an. Wie sich später noch zeigen wird, ist dies eine der Negativkonsequenzen staatlicher Regulierung, da die Kosten dafür in Form von Abgaben dem Strompreis zugeschlagen werden.

Um in der Energiewirtschaft Wettbewerb zu stimulieren, ist eine entsprechende Netzregulierung erforderlich. Nur so können über die gesamte energiewirtschaftliche Wertschöpfungskette wettbewerbliche Strukturen etabliert, bestehende Marktstrukturen aufgebrochen sowie neue Marktteilnehmer mit neuen Geschäftsmodellen und Produkten entwickelt werden. Bis heute ist es speziell in der kommunalen Energiewirtschaft durchaus üblich, Gewinne aus dem Strom- und Gasgeschäft kommunaler Energieunternehmen zu nutzen, um Verluste aus defizitären Geschäftsbereichen der öffentlichen Daseinsvorsorge auszugleichen, sprich Quersubventionierung zu betreiben. Hinzu kommt, dass trotz der durchaus vorhandenen Effizienzgewinne aus der Liberalisierung der Energiewirtschaft die Regulierung allein der Netze – wie in Europa üblich – mit einheitlichen Netzzugangsbedingungen und einheitlichen Netzentgelten auch neue Herausforderungen aufwirft:

- Die Marktstruktur der europäischen Energiewirtschaft war lange Zeit von überdimensionierten Kraftwerkskapazitäten geprägt, die national als großzügige Reserve für Engpasssituationen dienten. Doch für Back-up-Fazilitäten fehlte zunehmend schlicht die Finanzierbarkeit. Marktbereinigende Effekte mit unangenehmen Begleiterscheinungen wie Stilllegung und Arbeitsplatzabbau, verbunden mit hoher individueller Betroffenheit in einigen Regionen, waren die Folge.[14]
- Die gesonderte aufsichtsrechtliche Behandlung des Netzbereichs ist mit einem erhöhten Abstimmungsbedarf zwischen den neu separierten Unternehmen und ferner Transaktionskosten verbunden, was die gesamtwirtschaftliche ökonomische Effizienz entsprechend mindert.
- In der Energiewirtschaft steht den üblichen Langfristinvestitionen[15] die Kurzfristorientierung des Gutes

Energie gegenüber, was im Vergleich zu anderen Industrien eine Unwucht im Chancen-Risiko-Profil dieser Industrie erzeugt. Es liegt nahe, dies über höhere Endkundenpreise zu finanzieren. Da in liberalisierten Märkten jedoch gerade der Marktpreis den Anreiz setzen soll, entsteht angesichts der Höhe und Langfristigkeit der Investition starke Investitionszurückhaltung und Optimierungsdruck. Damit wiederum geht ohne regulatorischen Impuls die Gefahr des Fahrens auf Verschleiß einher.

Die genannten Herausforderungen lassen sich durch eine geeignete energiepolitische Rahmensetzung beheben, allerdings hat auch diese ihren Preis. Die Kalibrierung der energiepolitischen Schwerpunktsetzung, wie sie in Deutschland derzeit praktiziert wird, birgt eben auch die Gefahr von Marktverzerrungen,[16] die mit erheblichen volkswirtschaftlichen Kosten verbunden sind. Dies wiederum kann gesamtgesellschaftlich belastend wirken, wenn die Energiepreise das gesellschaftlich akzeptiere Maß übersteigen. Ferner werden in der Energiewirtschaft auf Jahrzehnte hin Strukturen etabliert, die unter den Gesichtspunkten Effizienz und Effektivität nicht optimal für eine Volkswirtschaft sind.

Führt man sich außerdem vor Augen, dass Energie zu den wichtigsten Ressourcen einer industrialisierten, modernen Gesellschaft gehört, bergen hohe Energiepreise – die sich als Folge von fehlender Effizienz und Effektivität einer überregulierten Industrie einstellen – die realistische Gefahr, dass energieintensive Unternehmen die Volkswirtschaft verlassen beziehungsweise breiter gefasst, dass die wirtschaftliche Wettbewerbsfähigkeit dauerhaften Schaden nimmt und so massiv Arbeitsplätze (zum Beispiel als Resultat einer auf vollständige Dekarbonisierung abstellende energiepolitische Regulierung) verloren gehen. Es scheint im Augenblick zumindest in Deutschland „nur" noch eine Frage der Zeit, bis die damit verbundenen, sich bereits deutlich abzeichnenden Wohlfahrtsverluste infolge der aktuellen Energiepolitik auf gesellschaftliche Akzeptanzprobleme stoßen.

Entscheidend ist an dieser Stelle nun die Frage nach dem Bezugsrahmen, in dessen Namen Regulierung erforderlich wird. Zumindest in der westlichen Welt ist dies der „Kampf" gegen den Klimawandel beziehungsweise das als schädlich proklamierte Treibhausgas Kohlenstoffdioxid. In Deutschland ist diese Zielstellung energiepolitischer Regulierung unter der bereits erwähnten Überschrift „Energiewende", in Europa unter dem Stichwort „Green deal" etabliert.

Exkurs: Kohlenstoffdioxid

In Medien und Politik der westlichen Welt wird der eigentlich natürliche Prozess des sich wandelnden Klimas zur Bedrohung der Menschheit stilisiert, da für den klimatologischen Laien schwer zu sagen ist, inwieweit die aktuellen klimatischen Veränderungen noch dem natürlichen Pfad folgen. Als eine der Hauptursachen dafür wird in der Öffentlichkeit seit einigen Jahren die abstrakte

Größe des menschengemachten atmosphärischen Kohlenstoffdioxidgehalts diskutiert. Und so fokussiert sich die Energiepolitik vor allem in Europa auf die Reduktion des Kohlenstoffdioxideintrags in der Atmosphäre. Obgleich es wissenschaftlich hierzu durchaus auch andere Positionen gibt, wird Kohlenstoffdioxid in der breiten Wahrnehmung für den sogenannten Treibhauseffekt in der Atmosphäre hauptsächlich verantwortlich gemacht und ihm damit einhergehend das Auslösen der Klimakatastrophe zugeschrieben. Zumindest im allgemeinen Wissensstand westlicher Gesellschaften gilt Kohlenstoffdioxid deswegen mittlerweile vielen Menschen als per se besonders schädlich.

Um Missverständnisse zu vermeiden, sei an dieser Stelle noch einmal betont: Selbstverständlich existiert Klimawandel und ohne Frage ist es die Aufgabe eines jeden einzelnen Menschen, seine Umwelt zu bewahren und zu schützen. Insofern ist es auch vollkommen richtig, dass sich die Menschheit der menschengemachten Zerstörung des Planeten entgegenstellt. Doch die hochgehaltene, weit verbreitete gesellschaftliche Überzeugung, allein der Mensch sei Ursache des Klimawandels und zudem derjenige, der allein durch die Reduzierung des eigenen CO_2-Fußabdruckes[17] daran etwas ändern könne, lässt sich wissenschaftlich in dieser Eindeutigkeit nicht bestätigen. Das geruchlose und im Übrigen unsichtbare (anders als auf vielen Pressemeldungen mit rauchenden Schloten suggeriert) Kohlenstoffdioxid ist an sich gar nicht schädlich, vielmehr wäre ohne den Treibhauseffekt auf der Erde kein menschliches Leben möglich.

Für den einzelnen Bürger ist es natürlich enorm herausfordernd bis unmöglich, den als Gefahr präsentierten Klimawandel und den damit verbundenen eigenen Beitrag dazu angemessen zu bewerten (Stichwort Informationsasymmetrie). Der Einzelne ist darauf angewiesen, dass der Staat den Klimawandel einordnet, und falls erforderlich, darauf angemessene Gegenmaßnahmen ergreift. Ob die Zukunft der Menschheit von einem Zuviel an Kohlenstoffdioxid bedroht wird, sich aber gleichzeitig von einer CO_2-freien aber vermeintlich „unbeherrschbaren" Technik (Kernenergie) verabschieden sollte, bedarf daher einer sorgfältigen und breiten wissenschaftlichen Abwägung sowie einer eingehenden demokratischen Debatte.

Energiepolitisch steuernde Eingriffe treffen sogleich auf eine Besonderheit von Treibhausgasen. Vor allem bei Kohlenstoffdioxid gehören folgende umweltökonomische Eigenschaften: a) geografische Entkopplung von Emissionsort und Schadensort[18]; b) global wirkend; c) großer Zeitverzug zwischen Emission und Wirkung. Damit wird die politische Sanktion von Treibhausgasemissionen so vielfältig und komplex, dass eine erfolgreiche verursachergerechte Zuordnung der Kosten nur eingeschränkt möglich ist. Dennoch hat sich Kohlenstoffdioxid – wie bereits angesprochen – zur zentralen Zielgröße umweltpolitischer Maßnahmen entwickelt. Deswegen sollen an dieser Stelle einige grundlegende Zusammenhänge angesprochen werden.

Kohlenstoffdioxid wird, da es im trockenen Gasgemisch der Erdatmosphäre (Luft) im Vergleich zu den beiden Hauptbestandteilen Stickstoff (etwa 78 Prozent) und Sauerstoff (etwa 21 Prozent) nur in geringsten Mengen vorkommt, als Spurengas bezeichnet. Mit einem Volumenanteil von etwa 0,04 Prozent[19] ist Kohlenstoffdioxid in der Atmosphäre so gering konzentriert, dass es in der Wissenschaft in „parts per million (ppm)"[20] gemessen und angegeben wird. Dennoch ist Kohlenstoffdioxid auch in dieser niedrigen Konzentration auf der Erde unter verschiedenen Gesichtspunkten von grundlegender Wichtigkeit. Daran gibt es allein mit Blick auf die Photosynthese oder aber die Atmung der allermeisten Lebewesen keinen Zweifel.

Für den Kreislauf des Lebens ist es also essenziell, dass Kohlenstoffdioxid in der Atmosphäre existiert. Allerdings ist es durchaus eine berechtigte Frage, ob der Mensch durch sein Handeln die Kohlenstoffdioxidkonzentration in der Luft so grundsätzlich verändert, dass dabei der natürliche Kreislauf aus seinem Takt kommt. Fest steht, dass sich Kohlenstoffdioxidmoleküle außerordentlich lang in der Atmosphäre halten. Es dauert viele Jahre, bis die zusätzliche Emission von heute durch Biosphäre und Ozeane allmählich wieder abgebaut wird.[21] Entscheidend ist also die Frage, ob Kohlenstoffdioxid als sogenanntes Treibhausgas[22] tatsächlich so maßgeblich für den Treibhauseffekt verantwortlich ist, dass daraus wiederum eine zentrale Verantwortung für den klimatischen Wandel der Erde abgeleitet werden kann.

Wissenschaftlich unbestritten ist, dass auch ohne menschliches Zutun in der Erdgeschichte die atmosphärische Kohlenstoffdioxidkonzentration schwankte, so dass es in der langen Vergangenheit der Erde bereits gravierende

Klimawandel-Ereignisse gab. Einigkeit herrscht in der Wissenschaft ferner darin, dass Treibhausgase[23] in der Atmosphäre das Erhitzen der Erde abwenden, indem sie Teile der Sonnenstrahlen reflektieren, gleichzeitig hindern diese auch einen Teil der Wärme daran, ins All abzustrahlen, so dass im Ergebnis durch Treibhausgase Extremtemperaturen im Sommer und Winter beziehungsweise bei Tag und Nacht vermieden werden. Naturwissenschaftlich betrachtet, erzeugen Treibhausgase also einen für den Menschen durchaus wünschenswerten Effekt. Insofern ist es unzutreffend, Treibhausgase generell als schädlich einzustufen.

Doch die Dosis macht das Gift. Deswegen wird vor allem die atmosphärische Konzentration von Kohlenstoffdioxid (und anderen Treibhausgasen) als kritisch gesehen, da es in dessen Folge zu einem globalen Temperaturanstieg und damit wiederum zu zahlreichen für Mensch und Natur nachteiligen Umweltveränderungen – wie das Abschmelzen der Polkappen, die Erhöhung der Meeresspiegel, die Verschiebung der Vegetationszonen, die Zunahme von Unwetterkatastrophen und zahlreiche weitere Naturprobleme – kommen kann.

Doch genau diese Fragen – ab wann es zu viel Kohlenstoffdioxid in der Atmosphäre gibt und wie dieses Zuviel prognostiziert werden kann – sind strittig. Die moderne Meteorologie kann das Wetter heute für mehrere Tage relativ präzise im Voraus zutreffend vorhersagen. Eine Aussage über das Wetter (Klima) in 5, 10 oder 15 Jahren kann Meteorologie hingegen unmöglich treffen. Zu vielfältig und zu zahlreich sind die Einflussfaktoren darauf. Dreh-

und Angelpunkt klimatischer Prognosen sind hochkomplexe mathematische Wettermodelle, die wiederum von zahlreichen, ganz unterschiedlichen Parametern abhängen, die allein auf Annahmen beruhen. Es ist also schlicht illusorisch, anzunehmen, dass die Menschheit heute in der Lage wäre, das Weltklima für die kommenden Jahrzehnte exakt vorherzusagen.

Und doch herrscht bei vielen Bürgern in den westlichen Gesellschaften der Eindruck vor, dass sich Wissenschaftler weltweit darin weitgehend einig seien, dass der Klimawandel menschengemacht ist und auf die Veränderung der globalen Durchschnittstemperatur durch beherztes Handeln der Menschheit entscheidend Einfluss genommen werden kann. Ausgangspunkt ist dabei die These, dass die Verbrennung fossiler Rohstoffe ein Übermaß an Kohlenstoffdioxid freisetzt und damit der bestehende Kohlenstoffdioxid-Kreislauf der Erde aus dem Gleichgewicht gebracht wird. Im Umkehrschluss besagt diese These damit aber auch, dass die Emission von Kohlenstoffdioxid aus organischer Materie sowie die erneute Bindung durch Photosynthese sich grundsätzlich im Gleichgewicht befinden und dass erst der Mensch und sein Handeln diese Balance aus dem Gleichgewicht bringt.

Demgegenüber existiert allerdings auch die wissenschaftlich belegte Erkenntnis, dass im Laufe der Millionen von Jahren unserer Erdgeschichte der Kohlenstoffdioxidgehalt der Atmosphäre im Zeitverlauf sehr volatil war und in langen Zyklen deutliche Schwankungen vollzog. Es gab Phasen, in denen der Kohlenstoffdioxid-Gehalt der Erdatmosphäre zum Teil erkennbar anstieg und das ganz ohne menschliches Zutun. Basis für diese Feststellung sind beispielsweise Eis- und Erdkernbohrungen, die die Kohlenstoffdioxidmessung an vor sehr langer Zeit im Eis oder einer geeigneten Erdschicht eingeschlossene Luftblasen möglich machten.[24] Hinzu kommt, dass sich aus der im Zeitverlauf verändernden atmosphärischen Kohlenstoffdioxidkonzentrationen keine 1:1-Beziehung zur Erderwärmung herstellen lässt. Die anwachsende Kohlenstoffdioxidkonzentration ist bei weitem kein sicherer Indikator für eine globale Temperaturveränderung in einer bestimmten Höhe.

Die Kausalität zwischen atmosphärischer Kohlenstoffdioxidkonzentration und globalem Anstieg der Durchschnittstemperatur ist längst noch nicht vollständig ausgeforscht. Insofern ist ein Zeitfenster von 170 Jahren – die meisten Retrospektiven in Sachen CO_2 setzen wegen der Datenlage im Jahr 1850 auf, häufig auch als vorindustrielle Werte bezeichnet – indem der gleichzeitige Anstieg beider Faktoren beobachtet wurde, angesichts von 500 bis 600 Millionen Jahren Erdgeschichte noch kein hinreichender Grund, hierin einen untrennbaren Zusammenhang zu erkennen.[25] Die Erde war trotz des stets vorhandenen Klimawandels kein unwirtlicher Platz, sondern erfreute sich durchaus guter Lebensbedingungen, was unter anderem die zum Fossil gewordene Flora und Fauna aus ganz unterschiedlichen Zeiten der Erdgeschichte belegen.

Obwohl die Konzentration von Kohlenstoffdioxid (bezogen auf die gesamte Teilchenmenge der Luft) in der Atmosphäre im Jahr 2019 im Jahresmittel bei 410 ppm lag, was einer Zunahme von etwa 50 Prozent gegenüber dem erwähnten, häufig als Referenz benutzten vorindustriellen Wert (1850) entspricht, ist die betrachtete Zeitspanne also erdgeschichtlich schlicht zu kurz, um daraus belastbare Aussagen hinsichtlich sich abzeichnender Muster in der globalen Klimaveränderung der kommenden 30 Jahre abzuleiten. Zwar stiegt die globale Durchschnittstemperatur[26] über den Betrachtungszeitraum erkennbar an[27], zur Wahrheit gehört aber auch, dass die Unsicherheitsspanne dieser Aussage so hoch ist, dass es im Bereich des Möglichen liegt, dass der beobachtete Anstieg nicht in der angenommenen Deutlichkeit ausgefallen ist oder möglichweise gar kein Anstieg war.

Gleichwohl es verständlich ist, den Kohlenstoffdioxidanstieg in der Erdatmosphäre in den vergangenen 170 Jahren als ein alarmierendes Zeichen zu interpretieren, kann eine ernsthafte Diskussion über den menschengemachten Klimawandel nur auf Basis einer historisch deutlich längeren Zeitachse geführt werden. Zumindest die aktuell vorhandenen wissenschaftlichen Erkenntnisse legen den Schluss nahe, dass das Klima der Welt erdgeschichtlich durchaus wahrnehmbaren Schwankungen unterworfen war. Klima kann nie eine festgeschriebene Sache sein. In diesem Zusammenhang lohnt es sich übrigens, die in den 1970er-Jahren sehr populäre Hypothese in Erinnerung zu rufen, wonach das verfügbare Kohlenstoffdioxid der Erde in den vergangenen Jahrmillionen recht stetig abgenommen hat und der Planet inzwischen diesbezüglich so weit verarmt ist, dass eine neue Eis-Erde (Snowball Earth) drohen könnte.[28] Die öffentliche Diskussion folgt eben immer auch ein Stück weit dem Zeitgeist.

Und es mag überraschen, doch beispielsweise eisfreie Polkappen sind erdgeschichtlich durchaus nichts Ungewöhnliches, Zeiten mit vereisten Polkappen also kein Infinitum und gleichzeitig kann selbst in Zeiten mit einer ansteigenden globalen Durchschnittstemperatur das arktische Eis durchaus anwachsen.[29] Sicherlich gibt es auch in Sachen Klima Kausalitäten, die zwingend sind. Das Weltklima ist eben aber auch deutlich komplexer, um es monokausal allein mit dem Anstieg des atmosphärischen Kohlenstoffdioxidgehalts erklären zu können.

Instrumente der Regulierung

Energiepolitik nimmt – wie bereits angesprochen – in der Regel drei Zielstellungen ins Auge, die allerdings aufgrund ihrer zum Teil inhärenten Inkompatibilität mit Nebeneffekten verbunden sind. Ökologie und Ökonomie müssen dabei kein Widerspruch sein, zumal die Fokussierung auf erneuerbare Energien als alternative Erzeugungsart sowie ganz generell die avisierte Dekarbonisierung der Wirtschaft Investitionen in enormen Größenordnungen erforderlich machen und damit echte Wachstumsimpulse setzen können. Neue Mitbewerber erscheinen und setzen mit ihrer Innovationskraft im Energiebereich Impulse. Und doch sind langfristig die „Gewinner" des energiewirtschaftlichen Umbaus der Volkswirtschaft stets die großen, bereits etablierten Player. Warum? Für einen Necomer sind die notwendigen initialen Infrastrukturinvestitionen – ohne Backing des Steuerzahlers - im Prinzip NIE zu realisieren. Ferner bildet die Regulierungsdichte im Energiesektor für Neueinsteiger eine kaum zu überwindende Hürde und schließlich sind schon allein aus Gründen der Praktikabilität zu den Konsultationsgesprächen zu energiewirtschaftlichen Gesetzesvorhaben „nur" die größten Unternehmen der Branche eingeladen (oder aber über die Verbände repräsentiert), können allerdings so auf den Prozess der politischen Willensbildung Einfluss nehmen. Kurzum: Angesichts der Größe des Vorhabens und dem bereits beschriebenen Charakter der Energiewirtschaft besteht hier eine Tendenz zur Monopolisierung.

Um diesem Effekt entgegenzuwirken und Verzerrungen im wirtschaftlichen Gleichgewicht zu vermeiden, müssen umweltökonomische Instrumente effizient und effektiv eingesetzt werden. Zielführende umweltpolitische Regulierung hängt dabei ganz entscheidend von der klar formulierten und genau definierten Zielsetzung ab. Und doch ist die Prognose klimatischer Prozesse über lange Zeitspannen zur Grundlage des regulatorischen Handelns und die Reduktion der globalen Kohlenstoffdioxid-Emissionen zum wichtigsten Leitmotiv der Umweltpolitik zumindest in westlichen Gesellschaften geworden. An dieser Stelle lohnt ein Blick auf die umweltpolitischen Instrumente, der sich die Politik zur Durchsetzung bedient. Die gängigsten Instrumente – weltweit – sind: a.) Auflagen, b.) Steuern sowie c.) Zertifikate. Keines dieser Instrumente ist dem anderen überlegen, sondern wird von der Politik in Abhängigkeit von der Zielstellung (Schadstoff/Umweltproblem) eingesetzt:[30]

In der energie- und umweltpolitischen Regulierung sind Auflagen regelmäßig für die Politik das Mittel der Wahl. Auflagen sind in der Regel intuitiv verständlich und bedürfen keiner tiefergehenden Erklärung. Über Auflagen setzt Politik für ein bestimmtes gewünschtes Verhalten einen Rahmen und sanktioniert die Nichteinhaltung. Entsprechend vielfältig ist auch deren Einsatzbereich. Werden sie eingehalten, kommt es für den Betreffenden zu keinem weiteren Berührungspunkt mit dem Staat.

Umweltsteuern (häufig auch Pigou-Steuern[31] genannt) zielen darauf ab, externe Effekte, also letztlich die Umweltverschmutzung, in das private Angebotsverhalten einzubeziehen. Normalerweise kann der Verursacher einer Umweltverschmutzung die damit verbundenen Kosten (oder zumindest einen Teil davon) unberücksichtigt lassen, beispielsweise die im Zuge eines Produktionsprozesses entstehenden Kohlendioxidemission. Um in der Preissetzung für das Gut über das produzierende Unternehmen die Umweltverschmutzung mit Kohlenstoffdioxid zu berücksichtigen, legt der Staat dem Verursacher eine Umweltsteuer auf. Damit wird die Umweltverschmutzung mit Kohlendioxid bepreist und somit Bestandteil des Angebotsverhaltens. Verursacht die Produktion eines Autos zum Beispiel eine bestimmte Menge Kohlendioxid, so hat diese Emission durch Umweltsteuern ihren Preis, der dann ganz oder teilweise an den Endkunden weitergegeben wird. So entsteht für den Hersteller des Autos ein Anreiz, so wenig wie möglich Kohlenstoffdioxid bei der Produktion anfallen zu lassen, um den pro Einheit des umweltschädlichen Guts erhobene Steuersatz zu senken.

Zertifikate schließlich sind schlicht (Emissions-)Berechtigungen. Mit der Zuteilung eines Zertifikats legt die Politik eine bestimmte zulässige Umweltbelastung für eine definierte Region und einen definierten Zeitraum fest. Meist wird die zulässige Höchstbelastung auf eine bestimmte Anzahl von Zertifikaten verteilt und diese wiederum unter den emittierenden Unternehmen über einen Zuteilungsmechanismus aufgeteilt. Der entscheidende Vorteil von Zertifikaten besteht in deren Handelbarkeit, denn Unternehmen können untereinander damit frei handeln. Aus diesem Marktmechanismus heraus entsteht wiederum für Unternehmen der Anreiz, nur dann eine Einheit Schadstoff zu emittieren oder aber hierfür ein vorhandenes Zertifikat einzusetzen beziehungsweise ein zusätzliches Zertifikat zu kaufen, sobald die Vermeidung der Schadstoffeinheit teurer ist als das Zertifikat pro Schadstoffeinheit.

Nicht mehr benötigte Zertifikate werden an ein anderes Unternehmen verkauft beziehungsweise das Unternehmen wird sich die Kosten dafür ersparen. Für das Funktionieren dieses Emissionsrechtehandels – insbesondere die Preisbildung – ist es dabei unerheblich, auf welche Weise/zu welchem Preis der Staat die Zertifikate auf die Unternehmen zuteilt. Kurzum, die Emission wird über Zertifikate zu einer ökonomischen Fragestellung des Unternehmens, bei der es die Zertifikatskosten gegen die Kosten der Schadstoffvermeidung abzuwägen gilt. Gleichzeitig landen Zertifikate immer bei dem Unternehmen, dem die Schadstoffvermeidung am leichtesten fällt/die höchsten Vermeidungskosten hat. Deswegen gelten Zertifikate als besonders ökonomisch effizient.

Inwieweit ein bestimmtes Umweltinstrument geeignet ist, wird in der Regel anhand verschiedener Kriterien beurteilt, dazu gehören: a) ökologische Treffsicherheit (ist das Instrument in der Lage, das vorgegebene Ziel zu erreichen); b) Kosteneffizienz (zu welchen volkswirtschaftlichen Kosten wird das Ziel erreicht); c) internationale Konkurrenzfähigkeit (passt das Instrument in den bestehenden internationalen Kontext) und schließlich d) politische und gesellschaftliche Durchsetzbarkeit. Es ist leicht erkennbar, dass die genannten Beurteilungskriterien abstrakt genug sind, um in der energiepolitischen Regulierungspraxis gleichermaßen als erfüllt oder eben gerade nicht erfüllt ausgelegt werden zu können.

Insbesondere politisch motivierte Regulierung bedient sich der Suggestion von sicherem Wissen und Alternativlosigkeit. So wird beispielsweise seitens der Politik zur Begründung der unter dem Stichwort Klimarettung zusammengefassten Regulierung der Eindruck vermittelt, mithilfe von Modellrechnungen bereits heute genau vorhersagen zu können, wie sich das Klima in 50 Jahren verhalten oder die globale Durchschnittstemperatur über die nächsten Jahrzehnte entwickeln wird. Eine verlässliche, belastbare Prognose über die Entwicklung eines hochkomplexen Phänomens wie die klimatische Veränderung der Welt über eine so lange Zeitspanne ist jedoch schlicht ausgeschlossen. Dennoch ist in der westlichen Welt in den vergangenen Jahren, politisch motiviert, der Eindruck erweckt worden, dass die Menschheit unmittelbar vor einer Klimakatastrophe stehe und es zwingend zu handeln gelte. Gleichzeitig wurde der Eindruck vermittelt, dass einzelne von der Politik ergriffene (nationale) Maßnahmen genügen, um darauf eine adäquate klimapolitische Antwort geben zu können. Tatsache ist allerdings, dass allein die exakte Modellierung der globalen atmosphärischen Kohlenstoffdioxidkonzentration für die kommenden Jahrzehnte unvollkommen, wenn nicht gar unmöglich ist. Weder Wissenschaft noch Politik kann heute den genauen Effekt bestimmen, der von einer ergriffenen (oder noch zu ergreifenden) energiepolitischen Maßnahme für das globale Klima ausgeht.

Doch genau das ist die Essenz von zielgerichteter (energie-)politischer Intervention. Sofern Politik den Bürgern staatliche Intervention zumutet, muss der vorgenommene Eingriff auf eine konkrete Maßnahme bezogen sein. Die zu ergreifende Maßnahme wiederum muss auf ein ganz bestimmtes messbares Resultat abstellen. Ist dies nicht möglich beziehungsweise wird das angestrebte Resultat durch die etablierte Maßnahme nicht erzeugt, dann ist schlicht das zugrundeliegende Vorgehen unzureichend.

Bei der aktuell verfolgten Klimapolitik – zumindest in der westlichen Welt und ganz besonders in Deutschland – lässt sich im Augenblick jedoch nur eingeschränkt eine Aussage darüber treffen, wie effizient und effektiv die bereits eingeleiteten Maßnahmen tatsächlich sind. Ausgewogene zukunftsfeste Regulierung würde jedoch bedeuten, die Verbindung zwischen Maßnahme und Wirkung bzw. zwischen Haftung und Verantwortung herzustellen. Das blinde Umsetzten energiepolitisch kaum wirksamer Instrumente ist – verbunden mit der Vehemenz, mit der in Deutschland die Emissionsbegrenzung von Kohlenstoffdioxid in den Mittelpunkt der Regulierung gestellt wird – für die weitere konsensuale gesellschaftliche Entwicklung unter vielen Aspekten eine Hypothek. Wie sich später noch zeigen wird, ist zum Beispiel die Chance zur ökonomischen Teilhabe an den energiepolitischen Entscheidungen durchaus auch eine soziale Frage. Ferner ist die Bezahlbarkeit von Strom von elementarer Bedeutung, für die wirtschaftliche Prosperität eines Landes. Und schließlich ist die energiewirtschaftliche Versorgungssicherheit gesamtgesellschaftlich ein hohes Gut, allerdings derzeit deutlicher denn je von sogenannten Black- beziehungsweise Brownouts (Bezeichnung für einen landesweit beziehungsweise regionalen Stromausfall) bedroht.

Internationale Klimadiplomatie

Zu den wichtigsten Akteuren der internationalen Klimadiplomatie gehört das 1988 aus dem UN-Umweltprogramm (UNEP) und der Weltwetterorganisation (WMO) hervorgegangene Intergouvernemental Panel on Climate Change, kurz IPCC (eine Institution der Vereinten Nationen). Zu den wichtigsten Aufgaben der IPCC gehört es, den aktuellen Kenntnisstand zum Klimawandel zusammenzutragen, aus wissenschaftlicher Sicht zu bewerten und regelmäßig darüber Bericht zu erstatten.[32] Diese Berichterstattung wiederum wird von den Regierungen weltweit aufgegriffen und regelmäßig als Begründung für die vorgenommene energiepolitische Regulierung herangezogen. Darüber hinaus ist die Berichterstattung des IPCC meinungsbildend und beispielsweise auch der Grund, weshalb Kohlenstoffdioxidemissionen in der westlichen Welt mittlerweile als gefährlich gelten.

Klima im Sinne des IPCC ist definiert als „…das durchschnittliche Wetter, oder genauer als die statistische Beschreibung in Form von Durchschnitt und Variabilität relevanter Größen über eine Zeitspanne…".[33] Doch Klima und Wetter sind hochkomplexe chaotische Ereignisse, geprägt von zahlreichen Einflussfaktoren, wobei auch kleine Veränderungen eine große Wirkung entfalten können. Die Wirkmächtigkeit des einzelnen Faktors auf das Endresultat lässt sich zumindest nach heutigem Stand der Wissenschaft nicht seriös und abschließend bestimmen. In Zweifel steht nicht, dass die Veränderung der atmosphärischen Kohlenstoffdioxidkonzentration einen Einfluss auf das Klima hat beziehungsweise, dass vom Menschen versursachte Treibhausgase diese beeinflussen. Fraglich ist allerdings die Größe des Effekts.

Insofern ist es zwar richtig, wenn führende Politiker wie der damalige US-Präsident Barack Obama (in 2013) konstatieren: „97 Prozent der Wissenschaftler stimmen darin überein: Klimawandel ist eine Tatsache, menschengemacht und gefährlich".³⁴ Allerdings beruft sich Barack Obama dabei auf eine mittlerweile berühmt gewordene Studie von John Cook (und anderen Forschern) von der australischen University of Queensland, die lediglich eine Banalität belegt, nämlich dass sich die Wissenschaft weitgehend einig darin ist, dass der Mensch zur Klimaerwärmung beiträgt.³⁵ Entscheidend ist eigentlich jedoch die weitergehende Beurteilung. Und hier herrscht eben kein so eindeutiges Bild mehr. Zu den relevanten Fragen, beispielsweise über die Höhe des menschlichen Einflusses auf den Wandel des Klimas oder die Bedeutung der atmosphärischen Kohlenstoffdioxidkonzentration für das Weltklima, gehen die Meinungen der Wissenschaft durchaus erkennbar auseinander.

Die Kontroversen und Unsicherheiten dazu soll unter anderem der Klimabericht des IPCC dokumentieren.³⁶ So prognostiziert das IPCC, dass aus der Verdoppelung des atmosphärischen Kohlenstoffdioxidgehalts gegenüber der vorindustriellen Zeit eine Erderwärmung von mehr als 3 Grad Celsius resultiert. Schon heute hat sich die Erde weltweit um mehr als ein Grad Celsius gegenüber vorindustrieller Zeit erwärmt. Wird also weiter Kohlenstoffdioxid ausgestoßen wie bisher, könnte sich die Menschheit schon in 60 bis 80 Jahren im Krisenmodus befinden, zum Beispiel durch Änderungen im Wasserkreislauf oder durch Wetterextreme, wie Hitze oder Starkregen.³⁷ So zumindest die Prognose des IPCC.

Da die atmosphärische Kohlendioxidkonzentration das Resultat der kumulierten Emissionen der Vergangenheit ist, kann die Wirkung heutiger Maßnahmen auch erst in der

Zukunft abschließend evaluiert werden. Doch obwohl eine seriöse Aussage darüber, wie bedeutsam die Rolle von Kohlendioxidemissionen für klimatische Veränderungen tatsächlich ist, momentan nur bedingt getroffen werden kann, bietet die langfristige Veränderung statistischer Mittelwerte hier zumindest etwas Orientierung. In den 1950er-Jahren lag die Kohlenstoffdioxidkonzentration bei etwa 310 ppm, in vorindustrialisierten Zeiten, um 1850 bei 280 ppm und im Jahr 2019 bei 410 ppm. Insofern lässt sich zumindest für dieses kurze Zeitfenster durchaus eine Parallelität zwischen zunehmender atmosphärischer Kohlendioxidkonzentration und dem Temperaturanstieg feststellen. Wie stark das eine das andere bedingt, ob es überhaupt oder nur zufällig miteinander korreliert, ist allerdings im Augenblick nicht vollends erforscht.[38]

Insofern wäre eigentlich Zurückhaltung dabei geboten, das Phänomen der Erderwärmung mit der atmosphärischen Kohlenstoffdioxidkonzentration kausal zu verknüpfen. Dennoch gilt Kohlenstoffdioxid zumindest im Großteil der westlichen Medien, Politik und damit nachgelagert auch der öffentlichen Meinung heute als ursächlich für den globalen Temperaturanstieg und damit einhergehend auch für verschiedene negative Wetter- und Klimaphänomene. Entsprechend steht momentan das Einhegen der Erderwärmung im Mittelpunkt internationaler Klimapolitik, wobei die Kohlendioxidemissionen dabei den Dreh- und Angelpunkt der energiepolitischen Maßnahmen bilden.

Was bedeutet das konkret? Um eine sinnvolle internationale Koordination der Klimapolitik zu gewährleisten, wurden in den vergangenen Jahren verschiedene globale Umwelt- und Klimakonferenzen initiiert.[39] Ausgangspunkt für die weltweiten Klimaaktivitäten war dabei der internationale Umweltgipfel in Rio de Janeiro (1992). Hier wurde Klimawandel zum ersten Mal offiziell als wichtige Herausforderung der Menschheit diskutiert, in dessen Ergebnis die Klima-Rahmenkonvention der Vereinten Nationen[40] stand. Damit war die Grundlage für die darauffolgenden, regelmäßig stattfindenden, weltweiten Klimakonferenzen gelegt. Einen Meilenstein der internationalen Klimapolitik bildete in diesem Zusammenhang die dritte Weltklimakonferenz (1997) im japanischen Kyoto, die erstmals ein völkerrechtlich verbindliches Klimaschutzabkommen über das sogenannte Kyoto-Protokoll etablierte. Im Mittelpunkt des Kyoto-Protokolls stand das Bemühen, den jährlichen Treibhausgas-Ausstoß der Industrieländer zwischen 2008 und 2012 um durchschnittlich 5,2 Prozent gegenüber dem als Basisjahr herangezogenen Stand von 1990 zu reduzieren.[41] Zur Umsetzungsmotivation wurden im Kyoto-Protokoll verschiedene ökonomische Anreize gesetzt, wozu beispielsweise der Emissionshandel (= Zertifikatehandel) aber auch der Clean Development Mechanism (CDM) gehört.[42]

Als ein zweiter wichtiger Meilenstein gilt der 21. Klimagipfel 2015 in Paris.[43] Nach dem Auslaufen des Kyoto-Protokolls war die Entwicklung einer Nachfolgeregelung erforderlich, die sich bis zum Jahr 2030 erstreckt. Im Ergebnis stand die Absichtserklärung zahlreicher Staaten, die Erderwärmung auf unter 2 Grad, sofern möglich sogar unter 1,5 Grad, begrenzen zu wollen. Auf den ersten Blick ein Erfolg der internationalen Klimadiplomatie. Allerdings kann jedes Land die jeweiligen nationalen Klimaschutzbeiträge selbst bestimmen. Letztlich bildet also der Glaube an die nationalen Klimabeiträge (Nationally Determined Contributions, NDCs) das Herzstück des Pariser Klimaabkommens. Sowohl Industrie- als auch Entwicklungsländer formulieren in den NDCs ihre Emissionsminderungs- und Anpassungsziele bis zum Jahr 2030 also selbst. Beginnend im Jahr 2020 werden diese im 5-Jahreszyklus nun überprüft und aktualisiert.[44]

Im Nachgang zum Pariser-Klimaschutzabkommen entflammte im Rahmen der notwendigen nationalen politischen Debatten darüber teilweise heftige Kritik. So kam es, dass Mitte 2017 die USA ihren Austritt aus dem Paris-Abkommen erklärte.[45] Unabhängig vom Pariser Abkommen steht es jedoch außer Frage, dass sich die USA auch weiter für die Verringerung der Treibhausgasverschmutzung einsetzen. Entsprechend wird seitens der Amerikaner auch öffentlich erklärt, die Treibhausgaskonzentrationen in der Atmosphäre auf einem Niveau zu regulieren, das negative anthropogene Störungen begrenzt. Konkret geht die Selbstverpflichtung der USA davon aus, die eigenen Treibhausgasemissionen bis 2025 zwischen 26 bis 28 Prozent unter das Niveau von 2005 zu senken.[46]

Demgegenüber hatte sich die Europäische Union beziehungsweise die damaligen 15 EU-Staaten im Rahmen des Kyoto-Protokolls noch in Summe auf Emissionsreduktionen von lediglich 8 Prozent verpflichtet. Als Nationally Determined Contribution des Pariser Abkommens stellt die nun deutlich größere Europäische Union im Jahr 2015 in Aussicht, ihre Treibhausgasemissionen bis 2030 um mindestens 40 Prozent gegenüber 1990 zu senken. Weitere fünf Jahre später, im Jahr 2020, wurde als Teil des europäischen Grünen Deals durch die Europäische Kommission dieses EU-Ziel auf 50 bis 55 Prozent Emissionsminderung bis 2030 angehoben.[47]

Das gleichzeitig von der Europäischen Kommission vorgelegte sogenannte „Impact Assessment", also die Folgenabschätzung der neuen Klimastrategie, erklärt eine Reduzierung in dieser Größenordnung bis 2030 für Europa für „machbar und vorteilhaft". Als Beleg dafür wird von der Europäischen Kommission der Erfolg des bislang eingeschlagenen Weges vorgelegt. Immerhin sei es seit 1990 gelungen, die Kohlendioxidemissionen um 25 Prozent zu verringern, während man volkswirtschaftlich im gleichen Zeitraum um 62 Prozent gewachsen ist. Dass sich dies jedoch nicht auf künftige Einsparungen übertragen lässt, bleibt unerwähnt. Weiter rechnet die Kommission den Bürgern der Europäischen Union nun vor, dass in den Jahren bis 2030 jährlich durchschnittlich 1,7 Prozent des Bruttoinlandsproduktes der EU zusätzlich in Öko-Energien investiert werden müssen. Dies entspricht Extra-Ausgaben von 350 Milliarden Euro pro Jahr. Eine Amortisation in Form eingesparter Brennstoffimporte oder vermiedener Gesundheitsaufwendungen ist auch über eine längere Zeit unwahrscheinlich.[48]

Zusammenfassend lässt sich konstatieren, dass Energiepolitik zumindest in Europa momentan mit großer Vehemenz dem Primat des Klimaschutzes (Umweltverträglichkeit) folgt. Die energiepolitischen Entscheidungen lassen die beiden anderen, klassischen Zielstellungen der Energiepolitik – Versorgungssicherheit und Wirtschaftlichkeit – gerade zwangsläufig in den Hintergrund rücken. Überraschend ist in diesem Zusammenhang allerdings, dass die Kosten dieser energiepolitischen Ausrichtung in der breiten gesellschaftlichen Debatte bisher kaum einen Widerhall gefunden haben. So treibt beispielsweise die im Januar 2021 in Deutschland eingeführte, einer jährlichen Anpassung nach oben unterliegende CO_2-Bepreisung (die sich auf das Verbrennen von Diesel, Benzin, Heizöl und Erdgas bezieht) den Endverbraucherpreis für Kraftstoffe bereits im Jahr der Einführung in die Nähe bisheriger historischer Hochs. Obgleich Hauptursache für diese Entwicklung die bereits seit vielen Jahren betriebene gezielte politische Verteuerung von Benzin ist – laut dem deutschen Mineralölwirtschaftsverband entfielen von einem durchschnittlichen Literpreis von 1,62 Euro für Super E10 im August 2021 nur etwa 28 Prozent auf die Beschaffungskosten – bleibt die große Empörung in der deutschen Öffentlichkeit bisher aus.

Doch in der zweiten Jahreshälfte 2021 begannen die Großhandelspreise für Kohle, Öl und Gas weltweit stark anzuziehen. Im Geleitzug schossen Heiz- und Stromkosten in Europa und gerade in Deutschland in die Höhe. Die Gründe dafür sind aus europäischer und ganz besonders deutscher Sicht vielfältig, unter anderem der lange Winter 2020/2021, das gleichzeitig windschwache Jahr und der damit verbundene Mehrbedarf an Gas, die im Vorjahresvergleich relativ niedrigen Gasspeicherfüllstände, die Beendigung der Förderung im sogenannten Groninger Gasfeld, Europas größtem Erdgasvorkommen, die nach der Coronakrise weltweit wieder anspringende Wirtschaft und der damit einhergehende Energiebedarf. Von politischer Seite wird zudem die vermeintlich zurückhaltende Lieferpolitik Russlands angeführt, was dazu dienen soll, die Inbetriebnahme der umstrittenen Nordstream II Pipeline zu begünstigen. Nur eines bleibt unerwähnt: Dass Energiewende und Green Deal mit der Zielstellung einer dekarbonisierten Wirtschaft zumindest in einer Übergangsphase - so fern diese Zielstellung überhaupt realistisch ist – die Abhängigkeit von den dann noch vorhandenen Alternativen deutlich erhöht. Fallen Kernenergie und Kohle als fossile Energieträger aus und können die erneuerbaren Erzeugungsformen die entstehende Lücke nicht ausreichend füllen, bleibt nur noch der Rückgriff auf Erdgas mit entsprechender Rückkopplung auf dessen Preis.

Im Herbst des gleichen Jahres reagierte dann die Europäischen Kommission mit einer sogenannten Toolbox, um den rasant steigenden Energiepreisen entgegenzuwirken. Darunter Adhoc-Maßnahmen wie Steuern senken oder ärmeren Haushalten Geld zahlen aber auch Vorschläge für mittelfristige Reformen wie in erneuerbare Energien zu investieren, die europaweite Koordination der Gaseinkäufe zu initiieren, gemeinsame Gasreserven zu schaffen und den Preis von Strom und Gas zu entkoppeln. Doch unabhängig davon, wie man zu dieser Art der Energiepolitik der Europäischen Kommission steht, Haushalte und Unternehmen leiden zunehmend unter dem Druck anziehender Heiz- und Stromkosten. Gerade die mittelständischen Unternehmen in Europa verlieren infolge der energiewirtschaftlichen Rahmensetzung wirtschaftlich im internationalen Vergleich an Wettbewerbsfähigkeit. Die angespannte Marktlage erhöht zugleich das Insolvenzrisiko im Strom/Gas-Endkundenvertrieb gerade der kleinen Versorger in Europa, die den Preisanstieg in der Beschaffung nicht kompensieren können. In Summe gibt der Anstieg der Energiepreise tatsächlich Anlass zu ernsthafter Besorgnis. Wie groß der Anteil der energiepolitischen Rahmensetzung daran ist, lässt sich nur schwer ausmachen. Doch eins ist sicher: Der Übergang in die dekarbonisierte Wirtschaft hat einen Preis. Mittelfristig wird das Energiesystem vermutlich weniger krisenfest und in jedem Fall teurer werden.

II

Energiemärkte: die energiepolitischen Vorgaben

Klima- und Energiepolitik sind zwangsläufig weit in die Zukunft gerichtet. Um diese Zukunft abbilden und fassen zu können, bedient sich die Wissenschaft mathematischer Modelle, von denen man annimmt, damit eben jene Zukunft exakt abzubilden. Trotzdem bleiben auch Klimamodelle reine Hypothesen. Exaktheit wird der Öffentlichkeit suggeriert, indem die Klimamodelle mit Szenarien arbeiten, die eine Bandbreite von möglichen Zukunftsentwicklungen präsentieren, aber alle in die gleiche Richtung deuten, zum Beispiel einen globalen Temperaturanstieg in den kommenden Jahrzehnten. Natürlich ist es möglich, die „Folgen des Klimawandels" bis ins Jahr 2100 zu simulieren.[1] Hypothesen bleiben es dennoch, denn jedes dieser Modelle wird mit Daten gespeist, die Annahmen und Prämissen voraussetzen und deshalb nie unvollkommen sein können. Von Albert Einstein stammt der famose und in diesem Zusammenhang sehr treffende Satz: „Gott würfelt nicht". Damit soll nicht gesagt sein, dass Klimamodelle eher Würfelspielen ähneln. Doch ein bisschen mehr Demut und Skepsis vor der Komplexität und damit auch Fehleranfälligkeit weit in die Zukunft reichender Temperaturprognosen, wäre in der öffentlichen Perzeption wünschenswert.

Wenn Politik vorrangig auf Simulationsrechnungen aufbauen muss, die eine mögliche Beschreibung der Zukunft abbilden, gilt es, besonders kritisch zu sein, aber auch regelmäßig die unterstellten Annahmen und Prämissen zu hinterfragen. In den 1970er-Jahren galt die globale Abkühlung noch als ein ernstzunehmendes Klimaszenario. Dass die Wissenschaft heute mit Blick auf bestimmte klimatische Einflussfaktoren – wie die Bedeutung des atmosphärischen Kohlendioxidgehalts – zu anderen Einschätzungen kommt, gehört zum normalen wissenschaftlichen Erkenntnisprozess, heißt aber auch, dass sich Modellannahmen durchaus grundlegend ändern können. Modelle dieser Art leben also von der Qualität ihrer Inputfaktoren. Es wäre fahrlässig, in einer für die Menschheit so zentralen Frage wie dem Klima eine Diskussion um die Qualität der Inputfaktoren zu diesen Modellen unmöglich zu machen oder zumindest stark einzugrenzen, denn gerade vom Widerspruch leben sowohl Wissenschaft als auch Demokratie.[2]

Die Art und Weise, wie über die Veränderung des Klimas im Augenblick nachgedacht wird, trifft in vielen Ländern scheinbar auf eine breite gesellschaftliche Akzeptanz. Politisches Handeln im Namen des Klimaschutzes wird jedoch moralisch derart aufgeladen, dass die durchaus vorhandenen (wissenschaftlichen) Bedenken kaum gehört werden. Gerade in westlichen Zivilisationen, die auf ein relativ hohes Wohlstandsniveau blicken, erfährt Klimaschutz als gesellschaftlich relevante Themenstellung in den vergangenen Jahren eine enorme Aufwertung und weitgehende widerspruchsfreie Unterstützung breiter gesellschaftlicher Gruppen. Dabei verstellt eine Mischung aus Technologiegläubigkeit, fehlender Sensibilität gegenüber den großen geopolitischen und ökonomischen Zusammenhängen sowie ganz besonders die fehlende inhaltlich ausgewogene Auseinandersetzung in Politik und Medien dem Bürger den Blick für die tiefgreifenden, insbesondere auch persönlichen Konsequenzen der aktuellen klimapolitischen Entscheidungen der eigenen Regierung.

Zweifellos ist Veränderung von Rahmenbedingungen schon immer Bestandteil gesellschaftlicher Entwicklung, allerdings stellt die westliche Welt im Namen des Klimaschutzes aktuell sogar das eigene Gesellschaftsmodell grundlegend in Frage. Damit soll nicht gesagt sein, dass politisches Handeln stets mit einer wissenschaftlichen Begründung unterlegt sein muss und auch nicht, dass Politik die eigenen Grundüberzeugungen niemals hinterfragen darf. Doch auch Klimaprognosen bleiben Prognosen. Weitreichende politische Maßnahmen im Namen des Klimaschutzes – seien sie auch mit den allerbesten Absichten getroffen – bilden hinsichtlich der erwarteten Wirkung zwangsläufig nur einen MÖGLICHEN Entwicklungspfad ab. Mithin dürfen die weit in die Zukunft gerichteten klimapolitischen Maßnahmen der Politik eigentlich niemals

als alternativlos qualifiziert sein.

Zumal die einmal auf Klimaschutz verwendeten Ressourcen für andere gesellschaftliche Themen nicht mehr zur Verfügung stehen. Dabei handelt es sich zwar um eine Herausforderung so alt wie die Politik selbst, nämlich Themenstellungen – Bildung, Militär, Klimaschutz etc. – nach ihrer gesellschaftlichen Relevanz zu priorisieren. Allerdings scheint es nicht jedem bewusst, dass auch Steuergeld nur einmal ausgegeben werden kann und dass politisches Engagement für den Klimaschutz immer auch mit einer Entscheidung gegen ein anderes gesellschaftliches Ziel einhergeht.

Den, zumindest in deutschen Medien recht einflussreichen, meist jungen Klimabewegten wie Luisa Neubauer (Mitorganisatorin des Schulstreiks Fridays for Future in Deutschland) scheint das gesellschaftlich Erreichte dennoch ungenügend und das momentane Tempo der Veränderung deutlich zu langsam. Ausdruck findet diese Ungeduld beispielsweise in einem gemeinsam mit Greta Thunberg, Anuna de Wever van der Heyden und Adélaïde Charlier im Sommer 2020 initiierten politischen Aufruf, der die Ausrufung des Klimanotstandes in der Europäischen Union fordert. Zu den Forderungen dieses Aufrufs gehört auch, den sogenannten Ökozids vor dem Internationalen Strafgerichtshof als ein internationales Verbrechen anzuerkennen. Eine extreme Forderung, die überraschenderweise auf wenig Widerspruch stieß.[3]

Die zunehmende Häufigkeit und Intensität extremer Wetterereignisse scheint den Klimabewegten dabei Indiz genug, um den Übergang zu einer klimaneutralen Welt[4] zu fordern und auf die Dringlichkeit der Reduzierung von Emissionen und der Begrenzung der globalen Erwärmung zu verweisen. Argumentativ flankiert vom IPCC müssten die globalen anthropogenen Emissionen, so die Forderung, bis 2050 auf Netto-Null fallen, um den avisierten globalen Temperaturanstieg auf weniger als 1,5 Grad über dem vorindustriellen Wert-Niveau zu begrenzen.[5] Die wirtschaftlichen, sozialen und technologischen Konsequenzen einer solchen Politik werden dabei offenbar in Kauf genommen.

Man mag die Etablierung des Ökozids als internationales Verbrechen für progressiv halten und entsprechend begrüßen. Allerdings sollte im öffentlichen Debattenraum dann auch die damit verbundenen gesellschaftlichen Konsequenzen offen diskutiert werden. Eine echte, ergebnisoffene Diskussion rund um das Thema Klimaschutz bedeutet mehr als „nur" weitreichende Forderungen zu stellen. Insbesondere die etablierten westlichen Gesellschaften müssten sich vielmehr die Frage stellen, ob die Form des Wirtschaftens und der damit verbundene Lebensstil die Beanspruchung eines überproportionalen Anteils an den Ressourcen dieser Welt als Gesellschaftsmodell noch mehrheitsfähig sind. Eine angemessene Reaktion auf die zu beobachtenden klimatischen Veränderungen hätte also durchaus das Potenzial, die Gesellschaft grundlegend zu verändern. Sofern das jedoch nicht gewollt wird, müssen energie- und klimapolitische Entscheidungen beziehungsweise die daraus folgende Politik generell stets frei bleiben von subjektiven Werturteilen und der Suggestion von Alternativlosigkeit. Wer das

Klima schützen will und nicht den gesamtgesellschaftlichen Umbau verfolgt, wählt die anzulegenden Instrumente nach den Kriterien Effektivität und Effizienz, eingebettet in die Idee des Vermeidungskostenansatzes.

Das politische Handeln in Sachen Klima – zumindest in Europa – fokussiert sich im Augenblick jedoch ausschließlich auf Maßnahmen, die den Ausstoß von Treibhausgasen (vermeintlich) verringern. In diesem Zusammenhang trägt der „Kampf gegen den Klimawandel"[6] teilweise auch ideologische Züge, wobei den Bürgern „Energiewende" und „Green Deal" dabei häufig als alternativlos präsentiert werden.[7] Doch dieser Ansatz schränkt den bestehenden Handlungsspielraum unnötig ein. In einer gesellschaftlichen Kosten-/Nutzen-Abwägung des Klimaschutzes ließe sich alternativ auch schlicht mit den Folgen des Klimawandels arrangieren und vielmehr Maßnahmen zum angemessenen Umgang mit dessen Folgen ergreifen. Es bedarf keiner „Klimarettung" im Sinne einer Alles-oder-Nichts-Entscheidung. Es bedarf vielmehr einer umfassenden gesellschaftlichen Auseinandersetzung damit.

Tatsächlich existiert ein ganzes Spektrum an Möglichkeiten nachhaltiger Klimapolitik. Bei einer ernsthaften politischen Auseinandersetzung müsste entsprechend für jedes Temperaturszenario (+2 Grad, +1,5 Grad etc.) eine neue politische Abwägung zwischen Vermeidungsmaßnahmen (Kohlendioxidemissionen) und Anpassungsmaßnahmen vorgenommen werden. Erst dann, wenn die gesellschaftlichen Kosten von Vermeidung und Anpassung fair gegenübergestellt und gegeneinander abgewogen sind, sollte Politik ins Handeln kommen. Hinzu kommt, dass Klimapolitik (wie jedes politische Handeln) in Gesellschaft und Wirtschaft eingreift und dabei Strukturen verändert. Ausgewogene Klimapolitik kann deshalb nie singulär rein auf Basis naturwissenschaftlicher Argumente getroffen werden, sondern muss stets auch Opportunitätskosten und Kollateralschäden von zu treffenden Maßnahmen abwägen. In die Evaluation guter klimapolitischer Maßnahmen gehören deshalb auch Alternativen, die ganz andere gesellschaftspolitische Schwerpunkte setzen, so dass in der Gesamtschau der gesellschaftlichen Kosten-Nutzen-Abwägung stets konsensfähige Instrumente zur Anwendung kommen.

Instrumente der europäischen Klimaschutzpolitik

Zur Beeinflussung von Emissionen wie beispielsweise Kohlenstoffdioxid existieren energiepolitisch zwei grundsätzliche Alternativen: der Handel mit Zertifikaten sowie die Besteuerung der Emission. Da sowohl die Menge an zugeteilten Zertifikaten als auch Steuersätze im Prinzip vollkommen variabel sind, bieten beide Verfahren die notwendige politische Steuerungsfähigkeit. Setzt die Politik allerdings darauf, Kohlendioxid-Emissionen zu verteuern, geht damit für den Einzelnen stets unvermeidlich auch ein Wohlstandsverzicht einher. Entscheidend ist also die Frage, inwieweit die Förderung des Gesamtwohls (in Form verringerter Emissionen) die individuellen Nachteile überragt. Während Politik die Höhe des Steuersatzes selbst festlegt und damit ein hohes Maß an Subjektivität einhergeht, wird die Bepreisung bei der Zertifikatslösung dem Markt überlassen und „lediglich" die akzeptable Gesamtemission festgelegt.

Zertifikate sorgen letztlich dafür, dass die politisch gesetzten Emissionsziele umgesetzt werden, unabhängig davon, was es kostet, denn der Preis dafür bildet sich am Markt. Je überzeugter die Politik von einer definierbaren Obergrenze für den anthropogenen Kohlenstoffdioxidausstoß ist, umso eher wird diese auf die Zertifikatelösung zurückgreifen. Doch da auch hier das Knappheitsprinzip gilt, können bei wachsendem Ambitionsgrad der avisierten Klimaziele umso weniger Zertifikate zugeteilt werden. Dies wiederum führt dazu, dass die individuellen Emissionen schnell sehr teuer werden, was gesamtgesellschaftlich mit weitreichenden sozialen, politischen und wirtschaftlichen Konsequenzen verbunden ist.[8]

Insofern besteht ein genereller Zielkonflikt zwischen wirtschaftlicher Prosperität und dem politischen Wunsch, die Kohlendioxidemissionen über Steuern oder Zertifikate schnell zu reduzieren. Hinzu kommt, dass im internationalen Kontext die dem Klimaschutz politisch zugeneigte Industrienation Deutschland, bezogen auf den BIP-Anteil, enorme finanzielle Anstrengungen unternimmt, in absoluten Zahlen derzeit (2018) allerdings „nur" etwa 2 Prozent der globalen Kohlendioxidemissionen verursacht, während der in absoluten Zahlen derzeit größte Emittent von Kohlenstoffdioxid auf der Welt, die Volksrepublik China, für den Klimaschutz zwar ebenfalls durchaus viel unternimmt, dabei allerdings auch stets die eigene wirtschaftliche Prosperität und damit die Wohlfahrt des Landes im Auge behält.[9]

Das bedeutet, die Lasten der Vermeidung einer zusätzlichen Einheit Kohlendioxid müssen auch dem internationalen Grenzkostenvergleich[10] standhalten. Mit anderen Worten: Die Einsparung einer Tonne Kohlenstoffdioxid ist in der Volksrepublik China zu einem deutlich geringeren Preis möglich als in der Bundesrepublik Deutschland. Kluge nationale Klimapolitik bewegt sich also auch immer im Kontext internationaler Klimaabkommen. Entsprechend folgerichtig war im Jahr 2020 die Ankündigung des chinesischen Präsidenten Xi Jinping, bis ins Jahr 2060 als Land klimaneutral zu sein. Ein sehr ambitioniertes Versprechen, und obwohl ein konkretes feinziseliertes Maßnahmenpaket hierfür noch aussteht, ein äußerst erfreuliches Zeichen für die internationale Gemeinschaft.[11] Der mit ihren klimapolitischen Absichtserklärungen exponierten Europäischen Union hingegen könnte die angekündigte Selbstverpflichtung zur Dekarbonisierung bis 2050 noch unangenehm werden, wenn sie von Ländern wie der Volksrepublik China beim Wort genommen wird.[12]

Um die Klimaschutzziele zu erreichen, hat sich die deutsche Politik im Dezember 2019 für einen nationalen Zertifikatehandel für Brennstoffemissionen entschieden und gleichzeitig damit einen Emissionshandel für die Bereiche Verkehr und Wärme ab dem Jahr 2021 eingeführt. Über einen nationalen CO_2-Emissionshandel erhält der Ausstoß von Kohlendioxid beim Heizen und Autofahren ein in seiner Höhe relevantes (gemessen am Gesamtpreis)

Preisschild, dessen Erhöhung für die kommenden Jahre bereits angelegt ist.[13] Über den Jahreswechsel 2020/2021 verteuerte sich für die Deutschen durch diese energiepolitische Maßnahme beispielsweise der Liter Super E10 im Mittel um 7,7 Cent und der Liter Diesel um 7,6 Cent.[14]

Natürlich kann eine Nation für sich diesen Weg beschreiten, den Klimaschutz als gesellschaftlich hochstehendes Ziel formulieren und dieses Ziel auch über den eigenen Wohlstand stellen. Und selbstverständlich gibt es auch ein preisliches Niveau für jedes Zertifikat, das eine gesunde, robuste Volkswirtschaft wie die deutsche verkraftet. Doch zum einen ist die Etablierung von nationalen Maßnahmen zur „Bekämpfung" eines globalen Phänomens (Kohlendioxidemissionen) schlicht wenig erfolgsversprechend und verschlechtert darüber hinaus die relative Wettbewerbsposition der Deutschen im internationalen Vergleich. Zum anderen ist kaum damit zu rechnen, dass es der deutschen Wirtschaft gelingen wird, dadurch einen effizienzbasierten Minderungseffekt bei den Kohlendioxidemissionen zu generieren. Dafür ist die deutsche Volkswirtschaft ökonomisch zu sehr am Optimum orientiert (im Gegensatz zum stumpfen Ressourcenverbrauch), als dass sich dort große Effizienzpotenziale heben ließen – Effizienzpotenzial auf Grund von technischer Entwicklung davon ausgenommen.

Hinzu kommt, dass in Deutschland bereits heute umfassende Umweltauflagen in Kraft sind, so dass sich Standards hier lediglich über eine Verschärfung verändern lassen. Ein klassisches Beispiel dafür ist die sogenannte EU-Abgasnorm, auch als Euronorm bezeichnet. Darin ist europaweit geregelt, welches Auto in welche Schadstoffklasse gehört. Hohe oder gar nur schwer erfüllbare Normen bergen die Gefahr, dass die davon betroffene Industrie dadurch an Konkurrenzfähigkeit verliert, denn Wettbewerber aus anderen Nationen haben diesen Kostenfaktor nicht.

In einem Worst-case-Szenario kann in Abhängigkeit von der Höhe des politisch gesetzten Zertifikatepreises für Kohlendioxid dieser Effekt mittel- bis langfristig sogar den Wegzug der energieintensiven Industrie befördern. Abgesehen davon fließen die so generierten Einnahmen in den deutschen Staatshaushalt ein, um dort dann – teilweise – zum Beispiel durch Anrechnung auf den Strompreis umverteilt zu werden, statt diese direkt und zweckgebunden für zu finanzierende energiepolitische Maßnahmen nutzbar zu machen. Letztlich handelt es sich also um eine zusätzliche Abgabe, die sowohl direkt als auch indirekt wirkt, der sich niemand entziehen kann und die im Namen des Klimaschutzes die Wohlfahrt der Deutschen beeinträchtigt.

Dennoch fordern Teile der deutschen Öffentlichkeit bei der Festsetzung des Zertifikatepreises ambitionierter zu sein. Gestützt wird diese Diskussion unter anderem durch das Umweltbundesamt, eine staatliche Behörde, die die deutsche Bundesregierung mit wissenschaftlichen Analysen unterstützt. Danach verursacht die Emission einer Tonne Kohlenstoffdioxid Schäden in Höhe von rund 180 Euro.[15] Doch diejenigen, die eine maximal ambitionierte Klimapolitik favorisieren, sollten gleichsam aufzeigen, welche tatsächlichen wirtschaftlichen „Opfer" für den Einzelnen damit verbunden sind. Erst dann, wenn die kollektiven

Kosten einer individuellen Interessenslage – wozu auch der Wunsch einzelner Gruppen nach Klimagerechtigkeit zwischen den Generationen gehört – transparent sind, kann eine abschließende demokratische Willensbildung darüber erfolgen.

Sofern es das politische Europa tatsächlich ernst mit der Dekarbonisierung der europäischen Wirtschaft bis 2050 meint, wäre es an der Zeit, die Bürger der EU darüber aufzuklären, dass dieser Schritt für die Mehrheit von ihnen nach aktuellem Wissensstand mit erkennbaren Wohlfahrtseinbußen verbunden sein wird.[16] Inwieweit es außerdem für die mit Kohlendioxidemissionen behafteten verlorengegangen Arbeitsplätze in der Industrie in der dann dekarbonisierten Volkswirtschaft einen vollwertigen Ersatz gibt, bleibt offen. Der Weg dorthin ist jedoch bereits skizziert. Um den „Green Deal" ins Werk zu setzen, präsentiert die Europäische Union zur Umsetzung zwei Instrumente, den grenzüberschreitenden Zertifikatehandel sowie den Ausbau der erneuerbaren Energien. Ob diese beiden Ansätze zur Dekarbonisierung einer so großen und leistungsfähigen Wirtschaft ausreichen, ist fraglich; einen hohen „Preis" werden die Europäer dafür vermutlich allerdings in jedem Fall zahlen.

Was bedeuten die beiden Ansätze zur Dekarbonisierung der Europäischen Union konkret? Der Europäische Emissionshandel (EU-ETS) wurde bereits 2005 eingeführt.[17] Beim Zertifikatehandel sind die Länder der Europäischen Union bis heute die einzigen Vertragspartner, die einen internationalen Emissionshandel eingeführt haben. Die zentrale

Problemstellung des Emissionshandels ist dabei das Bestehen eines Überangebots an verteilten Zertifikaten. Dieser Umstand wiederum verhindert, dass sich in der Praxis ein wirkungsvoller Kohlendioxidpreis am Markt bilden kann – daran hat auch die 2015 eingeführte sogenannte Marktstabilisierungsreserve (MSR) nichts geändert.[18] Darüber hinaus ist das Handelssystem international wenig kompatibel, so dass der Handelsraum auf andere Regionen mit vergleichbaren Systemen kaum erweitert werden kann. [19]

In der Theorie zahlt der Ausbau der erneuerbaren Energien positiv auf die Zielerreichung ein. Gleichzeitig werden – abgesehen von den physikalischen Grenzen (dazu später mehr) – andere politische Zielaspekte wiederum negativ beeinträchtigt:

a. Je nach Fördersystem finanzieren entweder Verbraucher oder Steuerzahler die häufig lange Phase der Subventionierung erneuerbarer Energien. Zum einen stellt diese Förderung Opportunitätskosten dar, die für andere konkurrierende Projekte des Staates nicht mehr zur Verfügung stehen. Zum anderen entsteht dadurch ein soziales Verteilungsproblem, da sich eher der gutsituierte Bürger eine geförderte Solaranlage auf das eigene Dach installieren kann;

b. Bei der Förderung der erneuerbaren Energien wird kaum auf Kosteneffizienz geachtet, da hier einzig das Mengenwachstum zählt. Selbst ineffizienteste Anlagen an ungünstigen Standorten erhalten hohe Fördersätze jenseits jeglicher Marktrealität;

c. Die Förderung der erneuerbaren Energien minimiert

die Risikoposition für Investoren so deutlich, dass dies mit marktwirtschaftlichen Prinzipien unvereinbar ist.

In der nationalen unkonditionierten Förderung der erneuerbaren Energien in Europa liegt ferner die Gefahr eines Effizienzdefizits, da diese nur im engen Zusammenspiel mit dem europäischen Emissionshandel funktionieren kann. Eine beispielsweise im deutschen Stromsektor vermiedene Einheit Kohlenstoffdioxid gibt ein Zertifikat frei, das dann in einem anderen Sektor oder in einem anderen Land eingesetzt wird, so der Grundmechanismus des Zertifikatehandels. Die Einsparung von Kohlendioxid-Emissionen durch deutsche Windräder ist deshalb eher ein buchhalterischer Erfolg. Dem Klimaschutz aber auch der Wohlfahrt wäre besser gedient, wenn das bestehende Emissionshandelssystem mit flexiblen Instrumenten genutzt würde, um den kostengünstigsten Alternativen zur Emissionseinsparung zum Durchbruch zu verhelfen.

Gleichwohl sei betont, dass erneuerbare Energien und Zertifikatehandel trotz aller berechtigten Kritik einen wertvollen Beitrag bei der Umsetzung der energiepolitischen Zielstellung der Europäischen Union leisten können. Dennoch ist es längst nicht ausgemacht, dass die positiven Effekte für eine Volkswirtschaft die negativen Effekte überwiegen. Vielmehr ist jede Nation gehalten, bei der individuellen energiepolitischen Maßnahmensetzung – so hehr das Ziel wie zum Beispiel Klimaschutz auch erscheinen mag – gleichzeitig auch soziale, wirtschaftliche und gesellschaftliche Aspekte zu berücksichtigen und ökonomisch klug zu agieren.[20] Nachdem die Deutschen bereits Milliarden Euro in die Etablierung der erneuerbaren Energien investiert, die CO_2-neutrale grundlastfähige Kernenergie aus dem Rennen genommen und ihr Engagement mittlerweile mit den höchsten Energiepreisen der Welt bezahlen, verspricht die deutsche Politik nun auch noch bis 2038 beziehungsweise 2030 (Festlegung der voraussichtlich neuen deutschen Bundesregierung im Rahmen ihrer Sonderungsgespräche im Herbst 2021) aus der Kohleverstromung auszusteigen.[21] Zumindest aus energiewirtschaftlicher Perspektive eine sehr kritische Entscheidung.

Außerdem zeichnet sich im Moment kaum ab, dass andere Industrienationen die Frage um den „richtigen" Klimaschutz ähnlich ambitioniert wie die Deutschen beantworten. Während die deutschen Kohlendioxidemissionen zurückgehen, steigen diese weltweit ungebrochen. Große Kohlendioxidemittenten (gemessen am Anteil an den globalen Gesamtemissionen) wie China, USA und Indien teilen die deutsche Sicht auf geeignete Maßnahmen im Umgang mit dem Klimawandel offenbar nicht. Doch statt dies anzuerkennen und darüber zu reflektieren, dass kaum ein anderes Land dieser Erde einen ähnlich radikalen Weg einschlägt wie die Deutschen, erhebt das deutsche Bundesverfassungsgericht 2021 den Klimaschutz in ein gerichtlich einklagbares grundgesetzliches Recht und akzeptiert dabei sogar, dass die zu diesem Zweck beschlossenen Maßnahmen so einschneidend sein können, dass «dadurch praktisch jegliche grundrechtlich geschützte Freiheit gefährdet ist».

Aber selbst dann, wenn ein gesellschaftlicher Konsens mit Blick auf Klimaschutz im Verfassungsrang bestehen würde, wäre eine positive Einflussnahme, ein Nudge in Richtung eines Umdenkens auf Staaten wie China oder Indien mit ihren viel höheren Emissionsmengen zielführender als eine Festlegung von nationalen Reduktionszielen mit vielen Jahrzehnten Vorlaufzeit. Wie diese Einflussnahme aussehen kann: Die Bundesrepublik Deutschland ist ein wichtiger Handelspartner, ein führender EU-Staat und somit auch ein bedeutender Investor in diesen Ländern und kann so auch Einfluss zumindest auf den CO_2-Footprint der bezogenen Produkte nehmen.

Doch statt dessen steht mittlerweile zu befürchten, dass die deutsche Energiepolitik die eigene industrielle Basis – insbesondere Automobilwirtschaft, chemische Industrie und Metallindustrie – mit Standards und damit Kosten belastet, die deutsche Unternehmen auf internationalen Märkten die Wettbewerbsfähigkeit kosten. Dieses Argument lässt sich allerdings auch spiegelverkehren. Danach sind strenge Umweltstandards und Klimaschutzbestimmungen ein Wettbewerbsvorteil für die Unternehmen, die unter solchen Bedingungen operieren. Diese Logik mag für einen bestimmten Markt, für eine bestimmte Kundenklientel sicherlich gelten. Doch im globalen Wettbewerb und mit Blick auf die wohlstands- und energiehungrige Menschheit determiniert die Kaufentscheidung letztendlich doch hauptsächlich der Preis.

Die thematische Verengung auf Kohlendioxidemissionen und die Konsequenz für die deutsche Automobilindustrie[22]

Wie nachhaltig sich die energiepolitischen Eingriffe der deutschen Politik in die Wirtschaft bereits auswirken, lässt sich exemplarisch an der europäischen und insbesondere der deutschen Automobilwirtschaft festmachen. Der wirtschaftliche Veränderungsdruck auf die Automobilhersteller und deren Zulieferer ist seit einigen Jahren hoch, da dieser Industrie seitens der Politik ein normativer Rahmen gesetzt wird, der zum Beispiel bei der Abgasreinigung technisch kaum noch zu realisieren ist. Damit eingehergehend begünstigt die breite politische und mediale Stimmung über die Segnungen der Elektromobilität und die damit verbundenen direkten und indirekten Subventionen neue Wettbewerber. Obgleich Giganten der Automobilwirtschaft wie die deutsche Volkswagen AG wirtschaftlich über einem langen Atem und hinsichtlich veränderter gesetzlicher Rahmenbedingungen über eine ausgeprägte Resilienz verfügen, zeichnet sich dennoch am Horizont bereits eine grundlegende Veränderung ab.[23/24]

Bei Umsatz, Gewinn und Absatzzahlen weit hinter den traditionellen Autoherstellern übertrifft beispielsweise der Börsenwert der Tesla Inc. – ein US-amerikanischer Shootingstar am Automobilhimmel, der vor allem Elektroautos (aber auch Stromspeicher- und Photovoltaikanlagen) produziert und vertreibt – im Januar 2021 in Summe die der weltweit zusammengenommen 10 größten Automobilhersteller.[25] Eine ungewöhnliche Konstellation, denn die tatsächliche Wertschöpfung in Form des operativen Outputs wird vom Börsenwert also hier nicht repräsentiert. Das heißt aber auch, der Elektromobilität wird zumindest am Kapitalmarkt eine glänzende Zukunft vorausgesagt und/oder der klassischen Automobilwirtschaft perspektivisch wenig zugetraut.

Dies deckt sich mit dem erklärten politischen Ziel der Deutschen, die Elektromobilität massiv zu fördern. Ursprünglich hatte sich die deutsche Bundesregierung für das Jahr 2020 das Ziel von 1 Millionen Elektroautos auf deutschen Straßen vorgenommen, musste dies allerdings relativieren. Gleichzeitig erfährt die Elektromobilität in Deutschland hohe Subventionen, direkt als auch indirekt, was zusammen mit den Emissionsregeln der europäischen Union den Automobilmarkt zu Gunsten der Elektromobilität verzerrt. Die hohen monetären Anreize zur Förderung der Elektromobilität schlagen sich natürlich auch in den Zulassungszahlen im deutschen Markt nieder, obgleich auf niedrigem Niveau. Mit Abstand am dynamischsten entwickeln sich dabei die sogenannten Hybride, also Fahrzeuge, die eigentlich mit zwei Motoren operieren. Hybride lassen sich problemlos mit einem Verbrennungsmotor betreiben, dienen also nur eingeschränkt dem Ziel der Kohlenstoffdioxidreduktion, genießen aber dennoch die staatliche Förderung als Elektrofahrzeug.[26/27]

Dies hat allerdings zur Konsequenz, dass sich die Wertschöpfungstiefe der deutschen Autobauer unter verschiedenen Aspekten verändert. Projekte auf Basis des Verbrenners werden den Einflussbereich der europäischen Legislative tendenziell eher verlassen, mit all den damit verbundenen volkswirtschaftlichen Konsequenzen. Autos mit Verbrennungsmotoren produzieren die großen deutschen Hersteller schon heute zu einem erheblichen Teil außerhalb des Einflussbereichs der europäischen Emissionsrichtlinien. Einer der größten Autoexporteure der USA ist ein deutscher Automobilhersteller, BMW. Das größte Werk des Unternehmens befindet sich in den Vereinigten Staaten. Von dort werden Autos in alle Welt exportiert.[28]

Ein entscheidender Hemmschuh der Elektromobilität bleibt die fehlende Praktikabilität. Elektromobilität ist nach heutigem Wissensstand außerhalb der urbanen Infrastrukturen angesichts des Bedarfs an verfügbarer Fahrleistung keine echte Alternative zum Verbrenner.[29] Hinzu kommt, dass es für die Nutzung von Elektromobilität notwendigerweise einer gewissen Privilegierung bedarf. So ist zum Beispiel für die Steckdose zum Laden der Fahrzeuge die richtige Lage und deren Verfügbarkeit ein entscheidendes Kriterium. Bürger, die weder über Garage noch Stellplatz mit Stromanschluss verfügen, sind auf Alternativen angewiesen, um ihr Fahrzeug in angemessener Zeit mit überschaubarem Aufwand zu laden.

Eine Stromtankstelle im öffentlichen Raum ist wiederum für den Betreiber mit hohen Kosten verbunden, die sich über die dort verkauften Kilowattstunden kaum amortisieren. Also wurden von den jeweiligen Betreibern geeignete Pricing-Modelle entwickelt. Das Problem: Daraus ist eine Vielzahl an Bezahl- und Bedienmodellen entstanden, die von der Ladekarte bis hin zur App reichen. In Summe hat also der Markt ganz unterschiedlich auf die Rahmensetzung der Politik reagiert. Und obgleich es Gegenstimmen gibt – auch wissenschaftlicher Natur – die sich gegen Elektromobilität aussprechen, werden die kaum zu übersehenden Nachteile des Elektroautos politisch momentan schlicht in Kauf genommen. Der Hoffnung, dass es sich dabei um Kinderkrankheiten handelt, die sich im Laufe der Zeit auswachsen, sollte man sich allerdings nicht hingeben, denn dafür sind die Nachteile der Elektromobilität zu strukturell.

Ein weiterer dieser strukturellen Nachteile ist der Umstand, dass die Einführung der Elektromobilität zusätzlichen Energiebedarf generiert, der über zusätzliche Kapazitäten sowohl in der Stromerzeugung als auch dem Stromtransport (Netze) bedient werden muss. Allein für das deutsche Stromnetz sind erhebliche investive Anstrengungen nötig, um das schon jetzt teilweise am Rand der Leistungsfähigkeit stehende Verteilnetz zu ertüchtigen.[30] Der Gedanke, zumindest der deutschen Politik, dass der Strombedarf aus der zunehmenden Elektromobilität rein aus dem weiteren Zuwachs an Windkraft- und Solaranlagen gespeist werden kann, ist bei über 58 Millionen Pkws auf Deutschlands Straßen vollkommen unrealistisch.[31] Ziel müsste es doch eigentlich sein, Elektrofahrzeuge mit sicherem, sauberem, grünem Strom zu betreiben. Die deutschen Erzeugungskapazitäten der erneuerbaren Energien reichen allerdings nicht aus, um qualitativ (Versorgungssicherheit) und quantitativ (Menge) den entstehenden Bedarf zu decken.

Dass Elektromobilität von zusätzlichen, notwendig werdenden Kapazitäten an Atom- oder Kohlestrom gespeist wird, stellt die ursprüngliche energiepolitische Intention jedoch auf den Kopf. Und doch werden in Brüssel Grenzwerte für Verbrennermotoren festgelegt, von denen zumindest die Automobilwirtschaft wissen kann, dass diese auf dem aktuellen Stand der Technik mit den bestehenden Gesetzen der Physik kaum zu realisieren sind. Mehr noch, wer die Vorgaben zum CO_2-Ausstoß im Automobilsektor als Hersteller überschreitet, muss gemäß der Vorgabe der EU-Kommission Strafen zahlen. Doch zugleich wird ein Emissions-Pooling mit Konkurrenten erlaubt, was ausgerechnet Konkurrenten wie Tesla nutzen. Sind die Strafen höher als der Erwerb der Zertifikate anderer Hersteller, ist die getroffene Abwägung klar.

Und so kommt es, dass Tesla in Deutschland Subventionen für den Bau der Gigafactory Berlin-Brandenburg zur Serienproduktion für Elektrofahrzeuge erhält, aber im Moment eigentlich mit dem Verkauf von Emissionsgutschriften an die etablierten Hersteller den größten Teil des ausgewiesenen Gewinns verdient. Damit relativiert sich die Glaubwürdigkeit der EU-Kommission mit Blick auf das ansonsten hervorgehobene klimapolitische Engagement zum Übergang in eine nachhaltige Mobilität. Es erheben sich Zweifel, wenn seitens der EU-Kommission den etablierten Automobilherstellern angekündigt wird, diese mit strengen Umweltschutzzielen zu überziehen, mit dem Emissionsrechtehandel aber gleichzeitig Möglichkeiten geschaffen werden, damit die Hersteller die angedrohten

Strafen doch noch vermeiden können.[32]

Dass die politische Rahmensetzung durchaus einen Beitrag zur Reduktion der Kohlendioxidemissionen des Straßenverkehrs leisten kann, steht außer Frage. Das Politik gefordert ist Standards zu setzen, um eine gesellschaftlich gewünschte Entwicklung zu initiieren, ebenfalls. Doch Europa ist neben Kalifornien schon heute Spitzenreiter bei Umweltauflagen: Nirgendwo auf der Welt gelten so strenge Ziele für den Ausstoß von Kohlenstoffdioxid wie in der Europäischen Union, gerade im Automobilverkehr, dennoch werden die Grenzwerte noch immer weiter verschärft.[33] Dem scheint die Vorstellung zugrunde zu liegen, dass technische Entwicklung immer abschätz- und planbar ist. Dass Innovation und Fortschritt nur Fragen des Wollens sind.

Die Antwort der Automobilwirtschaft darauf war zunächst reaktiv, denn die hohen Investitionen für den Wandel zur E-Mobilität setzen die gesamte Branche erheblich unter Druck. Neue Allianzen schienen ein Ausweg. So schlossen sich die Hersteller zu immer größeren Konglomeraten zusammen, um unter anderem über die gesamte Flotte mit durchschnittlich kleineren Autos und kleineren Motoren die Grenzwerte zu realisieren. Doch selbst das reicht nicht. Der CO_2-Ausstoß der frisch fusionierten Fiat-Chrysler-Neuwagenflotte lag angesichts von Maserati, Ferrari, Jeep, Ram und einer weiteren Grenzwertanpassung immer noch zu hoch, so dass der Fiat Chrysler-Konzern handeln musste, also zunächst Zertifikate zukaufte, um hohe Strafen zu vermeiden. Im Jahr 2021 fusionierte

Fiat-Chrysler mit der französische PSA. Es entstand eine der größten Automobilkonzerne weltweit – Stellantis – mit mehr als 400.000 Mitarbeitern und 14 Marken unter einem Dach.[34] Die Grundproblematik ist geblieben.

Hinzu kommt der Umstand, dass Elektormobilität auf Basis von Batterien beziehungsweise Akkus mit wesentlich geringerer Energiedichte als die klassischen Treibstoffe operiert. Obgleich in den vergangenen Jahren hier Fortschritte gemacht wurden, geht die geringe Energiedichte in Verbindung mit dem hohen Gewicht der Batterien stark zu Lasten der Reichweite und damit zu Lasten der Attraktivität des Produkts Automobil. Besonders nachteilig wird allerdings die Produktion von Batterien, die je nach Studie substanziell Kohlenstoffdioxid[35] freisetzt und ferner seltene Erden wie Kobalt und Lithium verbraucht, die wiederum als Rohstoffe in bestimmten Teilen der Welt unter unmenschlichen Bedingungen und unter Schädigung der Umwelt gewonnen werden. Nimmt man noch hinzu, dass die Lebensdauer von Batterien beschränkt ist, entsteht ein ganz anderer ökologischer Blick auf Elektromobilität und damit auf die von den Herstellern angestrebte Nachhaltigkeit der eigenen Produktion.

Mit zunehmender Zahl an Elektrofahrzeugen auf den Straßen nehmen außerdem auch Havarien und Unfälle mit diesen zu. Brennende Elektrofahrzeuge sind für die herkömmliche Löschtechnik zumindest eine Herausforderung.[36] Nur durch starkes Abkühlen – Stand heute – lässt sich die bestehende Kettenreaktion der Batteriezellen unterbrechen. Abgesehen von der damit verbundenen vollständigen Zerstörung des Fahrzeugs, lässt sich das Wrack wegen der darin verbauten Stoffe nur schwer entsorgen. Ein ausgebranntes Elektroauto gilt in Deutschland im Jahr 2021 als Sondermüll. Da es durch den Brand (chemische Reaktion) zur Entstehung von Giftstoffen kommen kann, die im Ruhezustand so gar nicht vorhanden sind, bedarf es hier einer besonderen Abfallbehandlung. Eine nachhaltige Kreislaufwirtschaft ist zumindest bei havarierten Fahrzeugen so natürlich unmöglich.

In Summe betrachtet gilt es beim direkten Vergleich von Elektro- und Verbrennungsmotor also eine ganze Reihe von Aspekten mit ins Kalkül zu ziehen – so zum Beispiel den humanen und umweltverträglichen Rohstoffabbau, genauso wie die gewaltigen Mengen an Öko-Ladestrom, die Lebensdauer, das Recycling beziehungsweise die Entsorgung von Batterien am Ende ihrer Lebensdauer, aber auch praktische Erwägungen wie den erhöhten Zeitbedarf des Ladevorgangs – und bei gleichem Effizienzanspruch – der erhöhte Bedarf an Stromzapfsäulen, was wiederum das Vielfache an Platzbedarf zur Folge hat sowie die erkennbare Leistungseinschränkung von Batterien bei (sehr) kalten Temperaturen.

Entsprechend liegt das Optimum in der Gesamtbetrachtung eines Fahrzeugs eben gerade nicht im Minimum des spezifischen Verbrauchs oder Schadstoffausstoßes, sondern in der Betrachtung der gesamten Lebensdauer eines Autos und seiner Praktikabilität. Bisher waren die europäischen Messzyklen und Messverfahren (NEFZ-Verfahren) darauf ausgelegt, die Vergleichbarkeit[37] der unterschiedlichen

Fahrzeugkonzepte und Autos zu garantieren, während das von der Politik neu eingeführte sogenannte WLTP-Verfahren auch die realen im Fahrbetrieb ermittelten Werte berücksichtigt und in Konsequenz erstmals auch Grenzwerte im realen Verkehr vorgibt.[38] Wie bei jeder politischen Rahmensetzung entstehen auch hier Kompensationshandlungen. So finden beispielsweise (die politisch erwünschten) Plug-in-Hybride mit sehr niedrigen Verbräuchen von wenigen Litern in der Statistik Berücksichtigung, obwohl es sich dabei teilweise um hochmotorige Fahrzeuge handelt. Ferner werden die reinen Elektrofahrzeuge, egal ob der Ladestrom aus einem Kohlekraftwerk oder einem Solarpark stammt, stets mit NULL Emissionen angerechnet.

Treibstoff der Elektromobilität ist Strom, der wiederum dem bestehenden Strommix im jeweiligen Land entspringt. Elektromobilität ist aber erst dann sinnreich, sofern der dafür benötigte Strom „grün" ist, also erneuerbaren Quellen entspringt. Für Deutschland, dass gerade viel Kraft in die Dekarbonisierung der eigenen Wirtschaft, vor allem der eigenen Energiewirtschaft investiert, ein unlösbares Kapazitätsproblem. Es gibt schlicht nicht so viel grünen Strom. Zumindest kurzfristig wird die Elektromobilität deshalb die CO_2-Emissionen im Land sogar erhöhen, will man den anwachsenden Strombedarf der E-Autos angemessen decken. Überdies sind dadurch zukünftig Belastungspeaks zu erwarten, wodurch die Gefahr einer Überlastung der hierfür unzureichend ausgelegten (Verteil-)Netze wächst. Am Ende des Arbeitstages, wenn die elektromobilen Pendler zu Hause angekommen und alle relativ gleichzeitig ihr

Fahrzeug laden wollen, kommt es zur Nachfragespitze und Belastungsprobe im Netz, die im Augenblick nur durch eine mehrstufig angeordnete feste Ladereihenfolge aufgelöst werden kann. Sprich, wer zuerst kommt, lädt zuerst.

Warum gehen die Deutschen diesen Weg? Ein entscheidender Grund dafür liegt sicherlich in der gesellschaftlichen Stimmungslage, die in Deutschland gerade herrscht. Die Themen Klima- und Umweltschutz sind politisch und medial so aufgeladen, dass ein breiter Diskurs sich nur schwer entwickeln kann. Dabei bestreitet kaum jemand, dass die Umwelt zu schützen und zu schonen eine ganz zentrale Menschheitsaufgabe ist, dennoch ist es die Exzessivität und Priorisierung der umweltpolitischen Maßnahmen, die überraschen und die Frage aufwerfen, ob der deutsche Weg, Umweltpolitik zu betreiben, in Summe nicht doch mehr Schaden als Nutzen generiert. Darüber hinaus existieren auch Nutznießer dieser Entwicklung. Zu den Protagonisten gehören beispielsweise Umweltschutzorganisationen wie die „Deutsche Umwelthilfe"[39], die Gemeinden und Kommunen in Deutschland mit Serien von Klagen (und Gerichtsverhandlungen) auf Einhaltung der von der Europäischen Union festgelegten Grenzwerte für Schadstoffe in der Luft überziehen.

Wiederum müssten die verklagten Kommunen, in denen die Emissionen (vermeintlich) zu hoch sind, dann der technisch und finanziell aufwändigen Frage nachgehen, ob die zugrunde gelegten Grenzwerte ein realistisches Bild der lokalen Besonderheiten abgeben und ferner, ob diese richtig erfasst wurden. Diesen Aufwand kann nicht jede

Kommune abbilden. Zwar sind die Messtationen für die Erfassung der Emissionen öffentliche Einrichtungen, doch mittlerweile existieren mehrere Evidenzen, die zumindest teilweise auf eine falsche Positionierung hindeuten. Nicht für jeden Standort lässt sich also mit Sicherheit sagen, ob beispielsweise die überhöhte Feinstaubemission richtig erfasst wurde. Abgesehen davon waren durch technischen Fortschritt in den letzten Jahren bei den spezifischen Emissionen durchaus massive Senkungen von Feinstaub und Stickoxid zu verzeichnen, nur sind im gleichen Zeitraum die Grenzwerte hier noch schneller abgesenkt worden.

Interessantes Phänomen in diesem Zusammenhang ist, dass der erste Covid-19-Lockdown im Frühjahr 2020 überraschenderweise in Deutschland einen Rückgang bei den Feinstaub- und Stickoxid-Emissionen im Straßenverkehr an den Messstationen[40] mit sich brachte, der deutlich geringer war, als man das hätte erwarten können, angesichts der stark zurückgegangenen Verkehrsbelastung der deutschen Innenstädte in dieser Zeit.[41] Ein weiteres Phänomen, zumindest in Deutschland, sind Messstellen wie der Oldenburger „Heiligengeistwall", die auch unter Normallast die Grenzwerte regelmäßig überschreiten, obwohl es im Betrachtungszeitraum – wegen Bauarbeiten oder einer sportlichen Großveranstaltung – über längere Zeit gar keinen Autoverkehr gab.[42] Beide Phänomene lassen zumindest die Hypothese zu, dass die Konzentration an Stickoxid und Feinstaub in deutschen Städten möglicherweise mehr als bisher angenommen beispielsweise von der Wetterlage getrieben ist, und dass die Verfahren zur Messung der Stickoxidbelastung und die von der EU vorgegebenen Grenzwerte mit einiger Skepsis betrachtet werden sollten.

Es bleibt zu hoffen, dass in der Gesamtabwägung neben dem fraglos relevanten Klima-, Umwelt- und Gesundheitsschutz irgendwann auch die Erkenntnis Raum greift, dass die Verbreitung der Elektromobilität momentan zwar vom hohen Subventionsanreiz profitiert, E-Autos allerdings eingeschränkt vernünftig geladen und betrieben werden können, dass auch das modernste E-Auto am Ende seines Lebenszyklus als Elektroschrott umweltschonend recycelt werden muss, dass deren Fahr-Strom derzeit nur zum kleineren Teil aus erneuerbaren Quellen entspringt und schließlich dass der ökologische Footprint der Elektromobilität, ganzheitlich betrachtet, gerade mit Blick auf die Batterieherstellung nicht so eindeutig positiv ist, wie es wünschenswert wäre.[43]

Vor diesem Hintergrund wird in jüngster Zeit unter dem Motto „built back better" die Idee einer Refokussierung des Kapitalismus formuliert – wozu beispielsweise auch die Idee der Kreislaufwirtschaft gehört – und dabei sowohl auf eine Veränderung von Unternehmensstrategien und Marktordnungen als auch neuen Perspektiven im (Selbst-)Verständnis der Wirtschaft abgestellt. Allerdings wäre es dann auch an der Zeit, die Vorstellung von den durch Automobilität verursachten Emissionen durch eine objektivere Betrachtungsweise inklusive Produktion, Lagerung, Transport und Entsorgung zu ersetzen.[44] Ferner sollte sich die Politik fragen, ob es tatsächlich noch dem gesellschaftlichen Mehrheitsinteresse dient, wenn allein die

Verbreitung von Elektrofahrzeugen gefördert wird. Politik muss technologieoffen sein und sich, statt allein der Vision von all-Electric zu folgen, auch gegenüber der Brennstoffzelle, Wasserstoff oder neuartigen Kraftstoffen öffnen.[45]

Green Finance und Nachhaltigkeitstaxonomie

Klimaschutz durchzieht mittlerweile sämtliche Bereiche der Gesellschaft, auch den Finanzbereich. Da das Tempo des Abschieds von fossilen Energieträgern in der derzeit vorherrschenden politischen Stimmung als zu langsam gilt, soll die Dekarbonisierung der Wirtschaft nun auch über den Finanzmarkt motiviert werden. Und auf den ersten Blick scheint diese Rechnung auch aufzugehen. Der sogenannte Green-Finance-Markt wächst zumindest in Europa seit vielen Jahren kräftig. Kredite, Anleihen und Schuldscheindarlehen gibt es auch in grün. 2013 wurden weltweit sogenannte Green Bonds mit einem Volumen von 13 Milliarden Dollar emittiert, 2018 waren es bereits über 182 Milliarden Dollar.[46]

Im Jahr 2020 ist Europa im globalen Ranking mit großem Abstand Spitzenreiter und für einen Anteil von 49 Prozent und ein Volumen von 56 Prozent der Green-Finance-Transaktionen verantwortlich.[47] Das sollte allerdings nicht darüber hinwegtäuschen, dass dieser Boom weniger generisch als viel mehr von der politischen Rahmensetzung motiviert ist. Der eigentliche Katalysator für die wachsende Bedeutung des Segments in Europa hat zwei zentrale

Antriebsfedern: In 2018 legt die EU-Kommission einen Aktionsplan vor, um nachhaltige Investitionen zu motivieren. Gleichzeitig kündigt die Europäische Zentralbank (EZB) an, dass Anleihen, deren Verzinsung an die Nachhaltigkeitsentwicklung gekoppelt ist, als Sicherheiten zugelassen sind und damit im Rahmen der EZB-Kaufprogramme erworben werden können.

Entsprechend drängen in Europa neben staatlichen Emittenten seit einigen Jahren verstärkt auch private Investoren auf diesen Markt, die „grüne" Anleihen begeben, um die eigenen Investitionen in Projekte wie Windkraft- und Photovoltaik auch auf der Finanzierungsseite zu ermöglichen. Eine Klimaanleihe mag bei den zeichnenden (Privat-)Investoren zwar das Gefühl hinterlassen, mit dem Leihgeschäft etwas Gutes für das Klima zu tun, und kann deshalb durchaus zumindest moralisch wertstiftend sein. Langfristig jedoch wird sich bei den auf Rendite und mit Abschlägen auch auf Image orientierten institutionellen Investoren, die Investorenbasis – wie häufig angeführt – wegen der hochstehenden Moral des Investments dauerhaft kaum verbreiten. Freilich wird für Green-Finance-Emittenten die geforderte Verzinsung inzwischen teilweise auch von Nachhaltigkeitskriterien abhängig gemacht, doch der, wenn überhaupt, eher homöopathische Zinsbonus ist ökonomisch kein hinreichender Grund für eine herausgehobene Sonderstellung des Green-Bond als Investment.

Hinzu kommt, dass derzeit noch kein rechtlich verbindlicher Rahmen existiert, der eine Finanzierung als „grün" definiert. Orientierung findet sich zwar in freiwilligen

Standards, wie den Green-Bond-Principles der International Capital Market Association (ICMA). Belastbare, industrieweite Richtlinien sind allerdings auch das nicht. Zu diesen freiwilligen Standards zählt dann beispielsweise auch eine unabhängige Agentur, um das Vorhaben prüfen zu lassen, bevor es als „grün" gilt.[48/49] Daran angelehnt existieren auch für Kredite sogenannte Green-Loan-Principles (herausgegeben von der Loan Market Association). Da im Bankgeschäft bereits sehr strenge Kreditrichtlinien als Rahmenwerk gelten und weitere Prinzipien eine (unnötige) zusätzliche Belastung des Kreditnehmers darstellen, steht deren Marktakzeptanz allerdings weiter hinter derjenigen für Green Bonds.[50]

Standards sind Kostenfaktoren. Und so entstehen bei grünen Finanzierungen infolge der Standardsetzung wie die erhöhten Anforderungen an Transparenz und Reporting über die klassische Finanzierung hinausgehende Kosten. Höhere Kosten durch höhere Standards begrenzen wiederum das Marktpotenzial von Green Finance im Vergleich zu klassischen Finanzierungsformen. An dieser Stelle setzt der bereits erwähnte Aktionsplan der EU-Kommission an. Obgleich als Zielstellung anspruchsvoll formuliert – „anreizgesteuerte Kapitalallokation zugunsten nachhaltiger Investitionen" – handelt es sich nach Meinung des Autors dabei doch letztlich nur um einen politisch motivierten Eingriff in die freie Wirtschaft. Die zu diesem Zweck Mitte 2019 etablierte Technical Expert Group (TEG) on Sustainable Finance ist auf Basis der sogenannten ESG-Kriterien in der Europäischen Union seither

Hüterin der sogenannten Nachhaltigkeitstaxonomie[51].

Im Kern handelt es sich dabei um ein (umfangreiches) Regelwerk, das die Europäische Union für klimabezogene, umwelt- und sozialpolitisch nachhaltige Tätigkeiten definiert hat.[52] Damit einhergehend werden grüne Finanzierungen massiv lobbyiert. Vordergründig dienen die weitreichenden neuen Regeln für nachhaltiges Investieren sowie der umfassende Informationsbedarf der Europäischen Kommission der erleichterten Beurteilung der Frage, wie „grün" der einzelne Asset-Manager eigentlich ist. Die Verankerung umweltfreundlicher Normen und Aufsichtsvorschriften im EU-Recht dient vor allem der Beschleunigung der gesellschaftlich angestrebten Veränderung hin zur klimaneutralen Volkswirtschaft.

Allerdings entsteht für Vermögensverwalter und Banken in der Europäischen Union damit gleichzeitig der sanfte Druck, mehr von ihren Investitionen zu offenbaren, den grünen Wandel zu finanzieren und mehr Geld in nachhaltige Projekte zu investieren. Das mag man politisch für opportun oder ideologisch für richtig halten. Klar ist aber auch, dass für Financiers wie Banken und Investoren wie Pensionsfonds aus der umfassenden Informationspflicht in der Europäischen Union die angesprochenen zusätzliche Kosten entstehen, die am Ende die Kunden zu tragen haben.

Gleichzeitig erwächst aus den gehäuften Investitionen in „grüne Projekte" die strukturelle Risiko-Klumpung, denn die Investoren sind in großer Zahl in den gleichen Assets unterwegs. Die Projektpipeline an non-green-Vorhaben wird hingegen austrocknen. Allein das reputative Risiko, in Europa zum Beispiel ein Kernkraftwerk zu finanzieren, kann Investoren abschrecken. Das Anlageuniversum wird in der Folge jedoch eindimensional. Gleichzeitig schränkt das schrumpfende Spektrum an Investitionschancen wiederum die Renditechancen der Investoren substanziell ein. Für die Kapital suchenden Unternehmen wiederum ergibt sich daraus zunehmend ein Finanzierungsrisiko. Für bestimmte Industrien – wie Bergbau, Airlines, Kraftwerksbau – kann in Abhängigkeit von der gesellschaftlichen und politischen Stimmung die Finanzierung des Kapitalbedarfs sogar zur Existenzfrage werden. Insofern ist Green Finance mehr als „nur" gesetzliche Anforderungen an nachhaltiges Wirtschaften innerhalb der Europäischen Union.

Wie viel Wucht die Nachhaltigkeitstaxonomie in der Europäischen Union bereits heute entfaltet, zeigt eine Übersicht wirtschaftlicher Aktivitäten, die gemessen an ihrem Effekt auf die nachhaltigkeitsbezogenen EU-Politikziele beurteilt und klassifiziert werden. Diese Klassifikation dient als Basis für die Bestimmung von umweltfreundlichen nachhaltigen Investitionen. Im Mittelpunkt der Nachhaltigkeitstaxonomie der Europäischen Union stehen Klimawandel, Wasser, Verschmutzung und Abfall, also erkennbar konkreter als die Bezugnahme auf die abstrakte Größe Kohlenstoffdioxid. In diesem Zusammenhang schätzt die TEG den jährlichen Investitionsbedarf auf 180 Milliarden EUR, um die ambitionierten Klima- und Energieziele der Europäischen Union zu erreichen.[53]

Da sich dieser enorme Investitionsbedarf allein durch die

öffentliche Hand kaum ausfüllen lässt, werden in Europa im Namen der Nachhaltigkeitstaxonomie künftig auch Unternehmen und Banken in die Verantwortung genommen, um einen Beitrag zur Erfüllung der Klimaziele zu leisten. Inwieweit dies die wirtschaftliche Prosperität in Europa beeinflussen wird, ist sehr schwer abzuschätzen, doch dass Green Finance als kein voller und dauerhafter Ersatz zur konventionellen Finanzierung dienen kann, ist unumstritten. Die zur vollständigen Finanzierung einer Volkswirtschaft benötigten Finanzmittel lassen sich kaum dauerhaft allein auf diesem Wege arrangieren.

Den Klimawandel zur Gefahr für die Finanzstabilität aufzubauen, ist allerdings kein rein europäisches Motiv. So veröffentlichte in den USA der Unterausschuss für klimabezogene Marktrisiken des Market Risk Advisory Committee (MRAC) der Commodity Futures Trading Commission (CFTC) 2020 den Bericht („Managing Climate Risk in the U.S. Financial System"), wonach in den extremen Wetterereignissen der vorangegangenen Monate ein Zeichen zum Handeln ausgemacht wird. Abgesehen davon, dass Klima global wirkt und Wetter kein Klima ist, lässt sich aus lokalen Wetterereignissen sicherlich kein Trend für ein ganzes Land mit der Größe der USA und erst recht nicht für die ganze Welt ableiten. Dennoch will die CFTC als Wall-Street-Regulierungsbehörde (Aufsicht über die US-Futures- und Swap-Märkte) erkannt haben, dass die „Wetterereignisse" im Land immer mehr zur neuen amerikanischen Normalität werden. Außerdem wird vom Ausschuss der Behörde erklärt, dass sich diese Wetterereignisse aufgrund des sich ändernden Klimas wahrscheinlich in Häufigkeit und Intensität weiter verschlechtern.

Um es an dieser Stelle noch einmal deutlich zu betonen: Es steht selbstverständlich außer Frage, dass die Menschheit alles in ihrer Macht stehende tun muss, um physische Verwüstung und erst recht den tragischen Verlust von Menschenleben und Lebensgrundlagen aufgrund extremer Wetterereignisse zu verhindern. Jedoch existieren zumindest derzeit keinerlei Hinweise darauf, dass das amerikanische Finanzsystem durch die Veränderung des Klimas seine Fähigkeit verlieren könnte, langfristig Wirtschaftswachstum zu generieren. Ganz abgesehen davon, dass unabhängig von der Haltung zu dieser Fragestellung das Management eines vermeintlichen Klimarisikos im US-Finanzsystem bei einer US-Regierungsstelle nicht zwingend am besten aufgehoben sein muss.

Aus Sicht der Handelnden ist es jedoch nur konsequent, in dem vorgelegten Bericht (inklusive 53 Empfehlungen) zur Eindämmung der durch Klimawandel verursachten finanzmarktbezogenen Risiken von den politischen Entscheidungsträgern bewusste Schritte zum Aufbau eines klimaresistenten Finanzsystems zu fordern. Ganz so, als müsste sich die USA auf eine unmittelbar bevorstehende schwerwiegende (Klima-)Katastrophe vorbereiten. Wenig überraschend kommt der Bericht unter anderem dann auch zu dem Schluss, dass Klimawandel ein großes Risiko für die Stabilität des US-Finanzsystems und seine Fähigkeit, die amerikanische Wirtschaft aufrechtzuerhalten, darstellt. Und ferner, dass Klimarisiken auch die Verwundbarkeit des

Finanzsystems erhöhen können. Mit anderen Worten, mit Hilfe des Klimawandels lässt sich nun auch jede Finanzkrise erklären.[54]

Die Kernaussage des Berichts ist deshalb, dass Finanzmärkte Klimarisiken im Augenblick nicht (angemessen) einpreisen. Entsprechend legt das CFTC neben Reformen an den Derivatemärkten, wie beispielsweise die Entwicklung neuer Verträge zur Absicherung klimabezogener Risiken, auch Ideen vor, die außerhalb der Zuständigkeit dieser Behörde liegen. So wird zum Beispiel Regulierungsbehörden nahegelegt, die Rolle der Finanzmärkte als Anbieter von Lösungen für klimabedingte Risiken zu fördern. Gedacht wird von den Autoren des Berichts der CFTC vor allem an Finanzinnovationen, denen die Wirkung eines Allheilmittels für ein effizientes Management des Klimarisikos zugeschrieben wird. Grundsätzlich haben Finanzinnovationen als Instrument zur Risikoabsicherung zwar durchaus ihre Berechtigung und können für sehr abgegrenzte Fragestellungen segensreiche Wirkung entfalten. Doch für ein extrem komplexes Phänomen wie klimatische Veränderung kann es keine einzige Finanzinnovation geben, die die damit verbundenen Risiken sachgerecht abdeckt.

Banken und Broker werden an Emission und Vertrieb der auf das Klima bezogenen finanziellen Kunstprodukte allerdings monetären Nutzen daraus ziehen. Die Einbindung privater Marktteilnehmer beim Verfassen des CFTC-Berichts über klimabezogene Marktrisiken wirft vor diesem Hintergrund darüber hinaus ein schales Licht auf dessen Zielsetzung. Abgesehen davon räumen die bestehenden

Gesetze den US-Finanzregulierungsbehörden bereits heute weitreichende und flexible Befugnisse ein, um die vermeintliche Gefahr finanzieller klimabedingter Risiken zu bekämpfen. Im Sinne effizienter Regulierung gilt im Übrigen die Festsetzung eines Preises für Kohlendioxidemissionen als Königsweg, sofern man diese tatsächlich regulieren möchte. Allerdings ist das dann allein Aufgabe des Gesetzgebers und keine Spielwiese für Regulierungsbehörden.

Perspektivisch muss man wohl dennoch damit rechnen, dass viele Unternehmen in Europa und den USA künftig auf Druck der Politik gehalten sein werden, klimaorientiert zu investieren und zu finanzieren und damit einhergehend Daten auch an klimaorientierter Berichterstattung auszurichten und aufzubereiten. Bereits heute erfassen die Datenanbieter sogenannte Environmental, Social, Governance Daten (ESG)[55] und vergeben entsprechende Ratings, die eigene ökologische Beurteilungssysteme zur Grundlage haben. Doch die Gefahr von „Greenwashing" der avisierten Investition oder Finanzierung wird sich weder durch eine bürokratische Nachhaltigkeitstaxonomie noch auf Basis eines CFTC-Berichts auflösen lassen.

Abgesehen davon, dass sich die Mehrzahl der Mitbewerber dieser Unternehmen in anderen Teilen der Welt kaum an der Klimaberichterstattung der westlichen Welt orientieren werden, ist die Umsetzung bestimmter Nachhaltigkeitskriterien für diese kleine Gruppe von Unternehmen der westlichen Welt mit erheblichen Zusatzkosten und damit Wettbewerbsnachteilen verbunden. Eine belastbare, standardisierte Berichterstattung (als Teil von Finanz- oder

Jahresberichten) ist auf Basis subjektiver, schwer abzugrenzender ethischer, moralischer, sozialer oder ökologischer Grundsätze extrem herausfordernd. Zumal nachhaltig zu investieren und finanzieren eben einfach mehr bedeutet als weit gefassten ESG-Kriterien und unscharfen Begrifflichkeiten wie zum Beispiel Nachhaltigkeit zu folgen.[56/57]

III

Die energiewirtschaftliche Umsetzung[1]

Mit medialer Begleitung und viel politischer Kommunikation wird vor allem in der westlichen Welt der Eindruck geweckt, eine vollständig nachhaltige Stromversorgung – vornehmlich aus Wind und Sonne – sei machbar.[2] Getreu dem Motto, die Sonne schickt keine Rechnung, hält (je nach Erhebung) ein erheblicher Teil der deutschen Bevölkerung diese, auf heutigem Stand physikalisch-technische Vision einer klimaneutralen Wirtschaft für problemlos umsetzbar und lediglich eine Frage des politischen Willens.[3] Doch die Umsetzung einer Energiewende hin zu einer dekarbonisierten Gesellschaft ist auch mit wirtschaftlichen Konsequenzen und sozialen Folgen verbunden, die weitreichend für Volkswirtschaft und Gesellschaft sind.

Es dauert eben seine Zeit, bis deutlich wird, dass Nachhaltigkeit auch einen Preis hat, der so hoch ist, dass dieser hinter sehr viel konkreteren und dringenderen Herausforderungen der gesellschaftlichen Realität verblassen kann. Zumindest in Deutschland sind die Kosten der

Stromversorgung mittlerweile so hoch, dass die avisierte energiepolitische Wende zur vollständigen Dekarbonisierung mit ihren Auflagen, Verboten, Gesetzen und den damit verbundenen weiteren Kosten die deutsche Volkswirtschaft belastet und die internationale Wettbewerbsfähigkeit darunter leidet. Die Idee vom Wandel hin zur klimaneutralen Gesellschaft mag ein ehrenhaftes politisches Ziel sein. Dies jedoch mit der Absicht zu verbinden, das eigene Wohlfahrtsniveau gleichzeitig zu erhalten beziehungsweise die Dekarbonisierung ohne eigenen Verzicht zu erreichen, ist unrealistisch.

Allein die Deutschen haben für ihren Traum von der Klimaneutralität – je nach Berechnung – bereits heute hohe dreistellige Milliarden EUR-Beträge investiert. Dabei wird mit viel politischer Rhetorik der Blick auf die enormen Belastungen der deutschen Haushalte verstellt und stattdessen von der ganzheitlichen volkswirtschaftlichen Kosten-Nutzen-Betrachtung berichtet, in der den erneuerbaren Energien sogar ein stromkostensenkender Effekt zugeschrieben wird.[4] Zweifelsohne entfaltet die „Energiewende" der Deutschen auch positive, gewünschte Effekte, allerdings fehlt das dafür ausgegebene Geld der Gesellschaft an anderer Stelle. Die Konsequenz daraus zeigt sich erst in ein paar Jahren. Der gesellschaftliche, ökonomische aber auch energiewirtschaftliche Lackmusstest für die Akzeptanz dieser Politik steht entsprechend noch aus.

Unter der Mehrheit der Deutschen scheint momentan zumindest noch die Vorstellung zu bestehen, das Modell „Energiewende" sei so erfolgreich, dass es dieses in die

Welt hinauszutragen gilt.[5] Es steht allerdings zu befürchten, dass die erhoffte Vorbildbildwirkung des Handelns der Deutschen zum Schutz des Klimas der Welt nur so lange erträumt wird, bis sich die Erkenntnis durchsetzt, dass die Dekarbonisierung – zumindest als abstrakte Gefahr –auch Insolvenz, Arbeitsplatzverlust, rückläufige Steuereinahmen und geringere Sozialleistungen bedeuten kann. Handfest ist hingegen bereits das wachsende Risiko eines vollständigen Zusammenbruchs der nationalen Stromversorgung infolge des Umbaus der Energieversorgung bei laufendem Betrieb. Die Energieversorgung in der westlichen Welt und gerade in Deutschland ist ein technisch äußerst hochentwickeltes System, das, ausgestattet mit zahlreichen Sicherheitsreserven, bisher von einem umfassenden Blackout verschont geblieben ist, langsam aber an seine Grenzen gerät.

Mit der Entscheidung, nahezu vollständig aus der fossilen, prinzipiell grundlastfähigen Stromerzeugung auszusteigen und sich stattdessen auf die fluktuierenden erneuerbaren Energien zu konzentrieren, geht unmittelbar mit mehr Instabilität im Gesamtsystem einher. Welcher Anteil an erneuerbaren Energien ein modernes Stromnetz problemlos verkraftet, welcher Anteil idealerweise nie überschritten werden sollte, lässt sich prozentpunktgenau kaum sagen. Doch die in Europa, insbesondere von den Deutschen, avisierte Dekarbonisierung der Stromversorgung testet den Grenzbereich des momentan technisch Verkraftbaren genauso wie des volkswirtschaftlich Bezahlbaren.

Die wenigsten Europäer können sich nach Jahrzehnten der energiewirtschaftlichen Versorgungssicherheit noch vorstellen, dass Stromausfälle mehr als regional und zeitlich begrenzt sind. Auf politischer Ebene ist in diesem Zusammenhang häufig auch von der sogenannten europäischen Kupferplatte die Rede. Danach ist innerhalb des europäischen Stromverbundnetz elektrische Energie grenzüberschreitend frei. Dieses Stromverbundnetz ist durch seine schiere Größe wiederum redundant angelegt, so dass sich einzelne Staaten in Notfällen gegenseitig aushelfen können. So zumindest die Theorie. Doch da sich echte Blackouts innerhalb weniger Sekunden vollziehen, es aber in Europa eine Vielzahl an Netzbetreibern gibt, die sich abstimmen müssen, können – zumindest heute – in Europa die zur Stabilisierung des Netzes vorgesehenen technischen Maßnahmen länderübergreifend innerhalb einer so kurzen Zeitspanne ihre volle Wirksamkeit kaum entfalten.

Doch nach wie vor glaubt eine große Mehrheit in Europa an die Machbarkeit des Projekts „Dekarbonisierung" und ist blind für Kosten, Konsequenzen aber auch die Nutznießer der Vision von einer klimaneutralen Energiezukunft. Ein Blackout oder zumindest ein Brownout ist für Europa daher keine Frage des Ob, sondern wahrscheinlich eher des Wann. Und auch das gehört zum vollständigen Bild, die Dekarbonisierung der europäischen Wirtschaft geht mit einer großen Umverteilung von den vielen Endkunden, die Monat für die Monat die Kosten via Stromrechnung tragen, hin zu den Wenigen, die vom subventionierten, „grünen" Strom profitieren.

Stromnetze und deren Blackout als Achillesferse

Für hochtechnisierte Industrienationen ist insbesondere die SICHERE Energieversorgung von vitaler Bedeutung. Die Abhängigkeit von dieser (kritischen) Infrastruktur hat sich in den letzten Jahren in der Folge von Naturkatastrophen und technischen Störungen bereits mehrfach gezeigt.[6] Störungen und Beeinträchtigungen im Straßen- und Schienenverkehr haben einen Eindruck von der Verletzbarkeit moderner Gesellschaften gegeben.[7] Und doch herrscht in der westlichen Welt ein großes Vertrauen, über eine leistungsfähige, robuste Energiewirtschaft zu verfügen, die jederzeit das übliche Nachfrageniveau an Energie bedienen kann. Doch die Rahmenbedingungen haben sich, vor allem auch politisch motiviert, in den vergangenen Jahren grundsätzlich geändert. Und so trügt der Eindruck, dass Energie jederzeit verfügbar ist und dass das Netz den Umbau der Energiewirtschaft jederzeit stabil trägt.

Ein ganz zentraler Aspekt in diesem Zusammenhang liegt in der auf Wechselstrom basierenden Grundstruktur der Stromerzeugung selbst. Die gesamte elektrische Energieversorgung in nahezu jedem Land der Welt basiert darauf. Wechselstrom wird gegenüber der Alternative Gleichstrom vor allem deswegen bevorzugt, da sich hier das Spannungs- und Stromniveau relativ problemlos mit geringen Verlusten regulieren lässt. Die Übertragung von Wechselstrom per Hochspannungsleitung über lange Strecken bringt jedoch die Herausforderung mit sich, die ankommende Hochspannung in Mittel- beziehungsweise schließlich

Niederspannung für den Endverbraucher umzuwandeln.[8] In einem großen System wie dem europäischen Verbundnetz geht damit allerdings auch die Notwendigkeit einher, die Frequenz stets am Sollwert 50 Hertz auszurichten und die mit dem Netz verbundenen vielen hunderte Kraftwerksturbinen in verschiedenen Ländern entsprechend synchron zu halten.

Die Stabilität der Netzfrequenz bei 50 Hertz wird in Europa vor allem über konventionelle grundlastfähige Kraftwerke organisiert. Solar- und Windkraftwerke sind in ihrer Leistung zu fluktuierend, um für eine stabile Netzfrequenz voll nutzbar zu sein. Entsprechend werden diese Anlagentypen auch in der Regel als erstes vom Netz getrennt, sofern Netzfrequenz und Sollvorgabe disharmonieren. Eine vollständig dekarbonisierte Wirtschaft allein auf Basis einer auf erneuerbaren Energien fußenden Stromerzeugung wäre gemessen am heutigen Stand der Netztechnik schon in der Theorie herausfordernd. Die Gesetzmäßigkeiten moderner Stromversorgungssysteme lassen in der Praxis die vollständige Umstellung der real funktionierenden Infrastruktur auf erneuerbare Energien im Augenblick kaum zu.

Ein weiterer wichtiger Aspekt in der auf Wechselstrom basierenden Energieversorgung liegt in der Speicherbarkeit. Wechselstrom ist nur eingeschränkt speicherfähig. Wechselstrom kann nach heutigem Stand der Technik nur gespeichert werden, indem dieser in eine andere Energieform umgewandelt wird. Die einzige hierfür in gewissem Umfang verfügbare Technologie ist in Europa im Augenblick das Pumpspeicherkraftwerk.[9] Großtechnisch hat allerdings auch diese Speicherform ihre Grenzen, denn dafür sind die weltweit vorhandenen Potenziale – grundlegende physikalische Voraussetzung für ein Pumpspeicherwerk ist ein möglichst großer Höhenunterschied, um dem Wasser ausreichend Fallenergie zu bieten – viel zu gering, um mehr als Lastspitzen über wenige Stunden abzudecken. Grundlegende ökonomische Voraussetzung dafür ist, dass das Strompreisniveau zwischen dem Preis der Einspeisung und dem Preis der Ausspeisung ein möglichst hohes Delta bietet, damit diese Speicherform ökonomisch sinnvoll zu betreiben ist.[10]

Hinzu kommt, dass ein Stromnetz ein hochkomplexes, ausbalanciertes System ist, das nur dann stabil sein kann, solange sich Stromangebot und Stromnachfrage exakt im Gleichgewicht befinden. Abweichungen von diesem Gleichgewicht zwischen Produktion und Verbrauch wirken unmittelbar auf die Netzfrequenz und zwingen den Netzbetreiber zum Gegensteuern. Dieses Gegensteuern wiederum ist mit hohen Kosten verbunden, die letztlich der Endverbrauer zu tragen hat. Die entscheidende Herausforderung für den Betrieb von Stromnetzen besteht deshalb in der Antizipation der Stromnachfrage und einem entsprechenden Unterfüttern der Stromentnahme durch rechtzeitige Bereitstellung von entsprechender Kraftwerksleistung abzusichern.[11] Es gilt also, durch vorausschauende Planung der Erzeugung – Angebotsseite – sich auf diese permanent verändernde Auslastung der Kraftwerke einzustellen.

Auf der Nachfrageseite dienen dabei zunehmend Smart Meter oder das sogenannte Demand-Side-Management dem Ausgleich von Stromangebot und -nachfrage. Allerdings ist diese Form der Optimierung durchaus mit Effekten verbunden, die zu Lasten des Endverbrauchers gehen. Das Demand-Side-Management wirft verschiedene rechtsstaatliche Fragestellungen auf, die bisher noch unbeantwortet bleiben. So erlaubt Smart-Meter durchaus auch das Monitoring des einzelnen Verbrauchers. Hinzu kommt die Möglichkeit, bei Bedarf den einzelnen Verbraucher per Fernwarte abzuschalten – was ja gerade gewünscht ist – aber eben auch massiv in die Rechte des Verbrauchers eingreifen kann. Dem guten Vorsatz, damit der gezielten Steuerung von Last im Netz zu dienen, stehen also verschiedene grundgesetzliche Erwägungen entgegen.[12] Entsprechend konzentrieren sich die Netzbetreiber momentan primär auf die Angebotsseite. Die ständig notwendige Feinanpassung der Netzlast wird im Augenblick noch mit ausgefeilten Prognosen und einem komplexen Netzwerk aus unterschiedlichsten Kraftwerken (entsprechend ihrer Einsatzflexibilität unterteilt in Grund-, Mittel- und Spitzenlastkraftwerken) gewährleistet.

Das Gleichgewicht von Stromangebot und -nachfrage determiniert die Stabilität eines Stromnetzes und manifestiert sich wiederum in der Frequenz. Eine Imbalance zwischen Stromangebot und Stromnachfrage führt unmittelbar zur Abweichung der Frequenz vom Sollwert. In vielen Teilen der Welt (Europa, Asien, Australien, dem Großteil von Afrika und Teilen von Südamerika) beläuft sich der Sollwert für die Netzfrequenz auf 50 Hertz (in Nordamerika ist im öffentlichen Stromnetz eine Netzfrequenz von

60 Hertz üblich).[13] Als netzkritisch wird für Netzbetreiber in der Regel bereits eine Frequenzabweichung von plus/minus 0,02 Hertz erachtet. Das erklärt auch, weshalb das Gleichgewicht zwischen Erzeugung und Verbrauch in der Netzüberwachung so eine zentrale Rolle spielt.

Grundsätzlich ist Netzfrequenzstabilität also mit der Thematik der sogenannten Lastschwankung eng verbunden. In der Regel wird diese über eine Reihe von Backup-Kraftwerken gut abgefedert. Diese Backup-Kraftwerke müssen jedoch in Timing und Umfang präzise Strom liefern können. Da die fluktuierende Produktion von Solar- und Windkraftwerken nur mit einer gewissen Fehlerquote vorhersagbar ist, lassen sich diese für die Stabilisierung des Netzes als Backup-Kraftwerke nur eingeschränkt nutzbar machen.[14] Zentrale Steuerungsinstanz für das Gleichgewicht zwischen Stromangebot und -nachfrage sind wiederum die Übertragungsnetzbetreiber, die vor allem durch den Einsatz sogenannter Regelenergie das Netz in der Balance halten.

Regelenergie dient dem Ausgleich unmittelbar auftretender Ungleichgewichte zwischen Produktion und Verbrauch, um so die Netzfrequenz stabil zu halten. Entsprechend ist der Einsatz von Regelenergie eigentlich eine unplanbare Notfallmaßnahme, deren Abruf und Abrechnung außerhalb der Börse auf der Grundlage von Vereinbarungen (Ausschreibungen) zwischen Netzbetreiber und Kraftwerk erfolgt. Je nach zeitlich gestaffelter Dringlichkeit wird unter der Überschrift Regelenergie nochmal unterschieden zwischen Primärregelenergie, Sekundenreserve

(Sekundärregelung) und Minutenreserve (Tertiärregelung).[15]

Die Leistungsreserve der Primärregelleistung beläuft sich für das europäische Verbundnetz momentan auf 3.000 MW. Das klingt viel, ist es aber nicht. Da für diese Aufgabe nur Großkraftwerke in Frage kommen, die sich bereits im Lastbetrieb am Netz befinden, und gleichzeitig die Überlastung des einzelnen Kraftwerks unbedingt verhindert werden muss, haben die Europäer den zusätzlich zulässigen Lastabruf pro Kraftwerk auf maximal drei Prozent der jeweiligen Anlagen-Nennleistung beschränkt. Dies wiederum bedeutet, dass in Europa zur Absicherung von 3.000 MW Primärregelenergie eine Mindestkapazität von 100.000 MW konventioneller Kraftwerksleistung zu jeder Zeit am Netz sein muss.[16]

Diese Größenordnung klingt für ganz Europa auf den ersten Blick zwar durchaus machbar, doch die Mindestschwelle der sich am Netz befindlichen grundlastfähigen Kraftwerke dauerhaft sicherzustellen, ist durchaus herausfordernd. Ein kleines Beispiel soll dies illustrieren: Ein herkömmlicher Haarfön eine Leistungsaufnahme von bis zu 2000 Watt. Angenommen dieser 2000-Watt-Fön würde jeden Tag für 60 Minuten in Anspruch genommen, dann entsteht allein daraus im Jahr ein Strombedarf von rund 720 Kilowattstunden oder 0,72 MWh (Das Beispiel ist bewusst extrem gewählt – die wenigsten Menschen werden ihren Fön jeden Tag 60 Minuten lang nutzen und sich wahrscheinlich eines Haartrockners mit geringeren Leistungsdaten bedienen).

Auf Deutschland entfällt von den genannten 3.000 MW ein Anteil von 700 MW Primärregelreserve. Bei der Begrenzung auf nicht mehr als drei Prozent zusätzlichem Lastabruf, setzt deren Absicherung eine Mindestkapazität am Netz befindlicher Kraftwerke von über 23.000 MW voraus. Hinzu kommt in Deutschland der sogenannte Einspeisevorrang, den Strom aus erneuerbaren Anlagen im deutschen Netz genießt. Dieser zur Förderung eben jener erneuerbaren Energien etablierte Mechanismus drängt auf der Angebotsseite den Einsatz konventioneller Kraftwerke in der sogenannten Merit-Order zusätzlich zurück. Kommen dann noch geplante (Revision) und ungeplante (Ausfall) Kraftwerksstillstände hinzu, nähert sich der deutsche Markt beim Vorhalten der erforderlichen Mindestreserve an Primärregelenergie einer kritischen Grenze.

Neben der notwendigen Kapazität spielt auch die Zuverlässigkeit, mit der die einspeisenden Kraftwerke ihre Leistung erbringen, für die Sicherstellung der Netzstabilität eine zentrale Rolle. Diese Zuverlässigkeit, auch als gesicherte Kraftwerksleistung bezeichnet, ist wiederum von den spezifischen Eigenschaften des jeweiligen Kraftwerkstyps abhängig.[17] Von einer gesicherten Kraftwerksleistung wird in der Energiewirtschaft in der Regel dann gesprochen, wenn die abzusichernde Leistung mit einer Wahrscheinlichkeit von 97 Prozent ständig mindestens verfügbar ist. Deswegen lässt sich gesicherte Kraftwerksleistung auch nur aus einer Gruppe größerer gleichartiger (bislang stets konventioneller) Kraftwerke mit der geforderten Sicherheit bereitstellen. Das einzelne Kraftwerk kann jederzeit ausfallen und nimmt damit eine gesicherte Leistung von Null an.[18] Insofern wirkt auch hier der aus der Kapitalmarkttheorie bekannte Portfolioeffekt.

Die Wahrscheinlichkeit, mit der ein bestimmtes Kraftwerk im Augenblick des Bedarfs die abgeforderte Leistung zur Verfügung stellen kann, ist also vom Kraftwerkstyp abhängig. Dass klassische konventionelle Kraftwerke mit einem sogenannten Leistungskredit von etwa 90 Prozent gegenüber den erneuerbaren Anlagen – zum Beispiel Wind-Onshore mit acht Prozent und Photovoltaik mit einem Prozent – deutlich im Vorteil sind, offenbart eine zentrale Schwäche der erneuerbaren Energien, nämlich die fehlende Fähigkeit zur Absicherung der Netzstabilität. Wind- und Solarkraftwerke bieten aufgrund ihrer Abhängigkeit von natürlichen Ressourcen und ohne das Flexibilitätspotenzial rotierender Massen keine hinreichenden Voraussetzungen dafür.

Man mag einwenden, dass das gesamtvolkswirtschaftliche Portfolio aus erneuerbaren Energien nur groß genug sein muss (denn irgendwo weht vermeintlich immer der Wind) um die notwendige gesicherte Kraftwerksleistung bereitzustellen. Doch im Vergleich zu konventionellen Kraftwerken bedarf es eines Vielfachen der installierten Kapazität, um die stabile Energieversorgung einer Volkswirtschaft mit gesicherter Kraftwerksleistung aus erneuerbaren Energien in gleicher Weise abzusichern. Einen derart großen Kraftwerkspark aus erneuerbaren Energien zu etablieren, ist schon allein aufgrund der geografischen Realitäten und Topografie für die meisten Länder unrealistisch.

Doch ohne Leistungsreserve erhöht sich das Blackout-/Brownout-Risiko, das sich zumindest den Deutschen umso wahrscheinlicher präsentiert, je größer der Anteil erneuerbarer Energien im Netz.

Europa will nachhaltig werden

Die Stromerzeugung industrialisierter Länder stützt sich in erster Linie auf Großkraftwerke, die von fossilen Brennstoffen[19] betrieben werden. Doch in den vergangenen Jahren wurde in vielen Ländern Europas, insbesondere aber in Deutschland, so viel an Wind- und Solarkapazität installiert, dass an einem typischen Werktag der in den Spitzenlastzeiten benötigte Bedarf theoretisch auch über erneuerbare Energien gedeckt werden kann.[20] Allerdings ist es bis heute für die Versorgungssicherheit großer Volkswirtschaften unabdingbar, die noch bestehenden fossilen Kraftwerke weiter zu betreiben, trotz des enormen Zubaus an erneuerbaren Erzeugungskapazitäten. Es leuchtet unmittelbar ein, dass diese Parallelität der Erzeugungsarten volkswirtschaftlich eine ziemlich teure Angelegenheit sein muss und darüber hinaus, dass der Umbau hin in eine vollkommen erneuerbare Welt technisch extrem herausfordernd wäre.

Selbst bei einer Vervielfachung der heute bereits vorhandenen Kapazitäten im Wind- und Solarbereich, bleibt eine substanzielle Lücke, die spätestens in der „Dunkelflaute" über konventionelle Kraftwerksleistung vollständig gedeckt werden muss. Arbeit, also das, was eine Erzeugungsanlage tatsächlich produziert und Leistung, die theoretisch unter Volllast beziehungsweise Idealbedingung mögliche Abgabe, sind eben nur teilweise deckungsgleich. Die reale Netzeinspeisung[21] bestätigt dieses Bild. Die vorhandene Erzeugungskapazität deckt den Strombedarf der Deutschen bei Weitem aber eben nur theoretisch. Es kann ja auch kaum anders sein, denn nicht jede Erzeugungsanlage steht 24/7 zur Verfügung. Dass sich die Deutschen nach dem Beschluss zum Kernenergieausstieg[22] ein paar Jahre später auch noch auf den Ausstieg aus der Kohleverstromung verständigen – den bis dahin größten fossilen Energieträger im deutschen Strommix – zeugt vor diesem Hintergrund von enormer Zuversicht.[23]

Als Ersatz für die vom Netz gehenden konventionellen Erzeugungskapazitäten träumt die deutsche Politik mit Blick auf 2050 weiterhin von einem Anteil an erneuerbaren Energien im deutschen Strommix von 80 Prozent (der Ambitionsgrad wurde mehrfach verändert), noch getoppt von Umweltverbänden (Greenpeace, BUND, WWF), die teilweise einen Anteil von 100 Prozent fordern.[24] Zur Erreichung dieser Zielstellung unterstellt die deutsche Politik, dass die bestehende Korrelation zwischen Wirtschaftswachstum und steigendem Energiebedarf von der deutschen Wirtschaft über eine weiter verbesserte Energieproduktivität[25] aufgelöst und der Strombedarf des Landes in merklichem Umfang perspektivisch absinken wird.

Die Deutschen mit ihren heutigen Bruttostromerzeugung von 636 TWh (2018) – woran die erneuerbaren

Energiequellen derzeit einen Anteil von 35,1 Prozent haben – sollen sich künftig also allein auf eine Erzeugungsart verlassen.[26] Dabei würde das bereits angesprochene große Ziel, die Elektromobilität zur Leitidee der Mobilität zu entwickeln und damit Elektrofahrzeuge zur primären Mobilitätsform zu erheben, beim Stromverbrauch der Deutschen einen jährlichen Mehrbedarf von rund 130 TWh, also immerhin ein Plus von etwa 20 Prozent bedeuten.[27] Zumal die Deutschen bereits heute sehr effizient im Ressourceneinsatz sind, was sich unter anderem daran ablesen lässt, dass der Verbrauch an Primärenergie mit kleineren Zuwachsrate als das Bruttoinlandsprodukt anwächst.[28]

Für die technische Verwirklichung einer vor allem auf erneuerbaren Energiequellen beruhenden Stromerzeugung ist der erzielbare Nutzungsgrad der dafür verwendeten Anlagetypen eine bedeutsame Einflussgröße. Im deutschen Mittel liegt der Nutzungsgrad für „Wind Onshore", die in Deutschland am weitesten verbreitete Erzeugungsform der erneuerbaren Energien, bei etwas mehr als 2.700 Volllaststunden pro Jahr, also etwa 24 Prozent an der Gesamtstundenzahl eines Jahres. Demgegenüber kommt die Stromerzeugung mittels der fossilen Braunkohle derzeit durchschnittlich auf 6.950 Volllaststunden beziehungsweise einem Anteil von 79 Prozent an der Jahresgesamtstundenzahl.[29/30]

Hinzu kommt, dass das Versprechen der Versorgungssicherheit (bezogen auf elektrische Energie) entweder jederzeit und kurzfristig abrufbare Erzeugungskapazitäten voraussetzt, um flexibel auf den fluktuierenden Bedarf reagieren zu können – was eine rein auf erneuerbaren Energien basierende Stromversorgung auf dem jetzigen Stand der Technik nicht leisten kann – oder aber Speicherfähigkeit von Elektrizität im großindustriellen Maßstab, was im Augenblick technisch ebenfalls nicht zu realisieren ist. Das angestrebte Ziel der dekarbonisierten Stromversorgung hätte also gemessen am heutigen Stand der Technik in Phasen der Flaute Strommangel und/oder in Folge der entstehenden Knappheitssituation explodierende Preise zur Folge.

Wiederum in Zeiten mit viel Sonne und Wind, werden Dezentralität und fluktuierende Einspeisung der erneuerbaren Energien zu einer besonderen Herausforderung für das Lastmanagement beziehungsweise generell die Stabilität der Netzinfrastruktur. Während konventionelle Großkraftwerke eine kalkulierbare Einspeisung und feste Transportkapazität mit sich bringen, erfordert eine rein erneuerbare Energieversorgung deutlich höheren Optimierungsaufwand und eine Vervielfachung der erforderlichen Leitungskapazität, denn irgendwie müssen die vielen dezentral einspeisenden Anlagen der erneuerbaren Energien energiewirtschaftlich auch sinnvoll eingebunden und koordiniert werden.

Eine sichere Energieversorgung ist für jede Volkswirtschaft von zentraler Bedeutung. Unabhängig von der Erzeugungsart ist dafür eine Struktur an Grundlastkraftwerken erforderlich, die zusammen mit den Mittel- und Spitzenlastkraftwerken ein fein abgestimmtes Miteinander bilden. Ziel ist es, das auf kleinste Veränderungen sensibel reagierende Stromnetz stets hinsichtlich Erzeugung und Verbrauch im Gleichgewicht zu halten und Schwankungen auszugleichen. Dafür bedarf es eines Mindestsockels an Energie im Netz beziehungsweise eben jene Grundlastkraftwerke. Notwendige Voraussetzung zur Qualifikation als Grundlastkraftwerk sind deshalb Größe, Zuverlässigkeit, günstige Produktionskosten und Verfügbarkeit. Ein besonderes Merkmal ist dabei der optimale Betriebspunkt (Dauerlast) des Kraftwerks, denn daraus lässt sich Wirkungsgrad und Kostenposition ableiten.[31]

Grundlastkraftwerke sind als Folge des Dauerlastbetriebs aber auch aufgrund der hohen Sicherheitsanforderungen besonders wartungsintensiv. Entsprechend umfassen die Gestehungskosten einen hohen Fixkostenanteil, während die variablen Kosten bei konventionellen Grundlastkraftwerken den deutlich kleineren Teil der Gesamtbetriebskosten bilden. Bei Biogasanlagen, den einzigen grundlastfähigen erneuerbaren Anlagen, haben die biogenen Brennstoffe hingegen eine deutlich größere Bedeutung.[32/33] Daraus wiederum folgt, dass ein Grundlastkraftwerk mit unterdurchschnittlicher Auslastung gefahren, überproportional an Wirkungsgrad verliert und gleichzeitig an spezifischen Kohlendioxidemissionen pro MWh erzeugter elektrischer Energie, aber auch an den spezifischen Erzeugungskosten pro MWh zulegt. Deshalb ist es sowohl aus technischer als auch wirtschaftlicher Sicht ratsam, fossile Kraftwerke unter Volllast zu betreiben. Der Umbau der Stromversorgung hin zu erneuerbaren Energien, hat hier eine wichtige Sollbruchstelle.

Schon heute wird in Deutschland Strom teilweise ohne Berücksichtigung des tatsächlichen Bedarfs produziert. Da, wie bereits erwähnt, das sekundengenaue Gleichgewicht zwischen Erzeugung und Verbrauch das entscheidende Wesensmerkmal für die Netzstabilität ist, wird mit wachsendem Anteil der Stromerzeugung aus erneuerbaren Energiequellen diese Herausforderung immer größer. Wie ausgeprägt diese Imbalance im deutschen Netz bereits ist, zeigt ein Phänomen, dass in den vergangenen Jahren von der Ausnahme zur Regel geworden ist, die sogenannten, der Netzstabilität dienenden Redispatch-Maßnahmen.[34] Redispatch-Eingriffe können als Notbremse verstanden werden, um Stromausfälle oder sogar den Blackout im Netz zu verhindern.

Eine weitere Sollbruchstelle zwischen klassischer Stromerzeugung und dem angestrebten Umbau sind die im Vergleich zur konventionellen Stromerzeugung unterdurchschnittlichen Nutzungsgrade der erneuerbaren Energiequellen. Nutzungsgrade wirken sich unmittelbar auf die gesamte Transport- und Versorgungsinfrastruktur der Stromnetze aus. So muss die bestehende Kapazität der Netze als auch der Speicher den zu erwartenden Maximalbelastungen angepasst werden, um bei hohem Aufkommen an Wind- und Solarstrom diesen nutzbar zu halten. Während die zu erwartende Maximalbelastung bei konventioneller Stromerzeugung eine berechenbare und damit weitgehend überraschungsfreie Größe ist, muss die heute bestehende, noch auf konventionelle Erzeugung orientierte Netzinfrastruktur um ein Vielfaches der heutigen Kapazitäten erweitert werden, um die Dezentralität der verändernden Einspeisestruktur zu bewältigen.

Soll also der Großteil des Strombedarfs eines Landes aus erneuerbaren Quellen gedeckt werden, so geht dies im Vergleich zur konventionellen Erzeugung – gerade mit Blick auf das Netz – insbesondere mit drei Konsequenzen einher: Es bedarf aufgrund der geringen Nutzungsgrade der erneuerbaren Energien höhere Produktionskapazitäten (was wiederum den Flächenverbrauch erhöht), ferner müssen die Netze deutlich großzügiger[35] angelegt werden und schließlich an großtechnische Speichertechnik angebunden sein.

Die einzige, im Augenblick verfügbare großtechnische Möglichkeit zur Stromspeicherung bieten Pumpspeicherkraftwerke, die nachts Wasser in hochgelegene Staubecken pumpen, um diesen tagsüber, zu Spitzenlastzeiten, auf Turbinen zur Stromerzeugung zu leiten. Der Wirkungsgrad dieser Speichertechnologie liegt bei etwa 75 Prozent, was im Vergleich zu den existierenden Alternativen hoch und damit durchaus auch relativ kostensensibel ist, auch wenn nur drei Viertel der ursprünglichen Energie über dieses Verfahren wiedergewonnen werden können. Da die Pumpspeichertechnik schon relativ lang existiert und der Bau von Pumpspeicherkraftwerken das Vorhandensein eines bestimmten topografischen Profils voraussetzt, ist in vielen Ländern der Erde das vorhandene Potenzial dafür schon bereits voll erschlossen. So auch in Deutschland: In 2020 waren 30 Pumpspeicherkraftwerke mit einer Netto-Gesamtleistung von knapp 6.500 MW in Betrieb, was jedoch viel zu wenig ist, um den vorhandenen Speicherbedarf zu decken.³⁶ Aber selbst Projekte, die zumindest theoretisch über das notwendige Ausbaupotenzial verfügen, werden aufgrund mangelnder Wirtschaftlichkeit – das Pumpspeicherkraftwerk lebt vom Strompreisdelta zwischen Ein- und Ausspeisung – sowie wegen zu erwartender politischer Widerstände in Deutschland kaum noch realisiert.³⁷

Löst man sich von der Pumpspeichertechnologie und hält nach alternativen Speichermedien Ausschau, findet sich im Augenblick kaum ein wirtschaftlich belastbares Konzept für die großtechnische Speicherung von elektrischer Energie. Die vorgetragenen Alternativen wie beispielsweise Batterien, Druckluftbehälter, Wüstensand, Erzeugung von Wasserstoff oder Methan, auch bekannt unter der Überschrift „Power-to-Gas", haben so schlechte Wirkungsgrade (in der Regel unter 50 Prozent) beziehungsweise sind mit solch enormen Kosten und Nebeneffekten³⁸ verbunden, dass diese kaum in Frage kommen. Vorerst bleibt es ein energiewirtschaftlicher Traum, dass Strom effizient und breit anwendbar speicherbar wird.³⁹

In Europa gilt vielen deshalb das sogenannte Verbundnetz als eine mögliche Antwort auf die fehlende Speicherfähigkeit von Energie. Das Verbundnetz ist eine Art Versicherungsprinzip, in dem sich die Beteiligten – um die Versorgungsqualität der Stromversorgung gegen Störungen abzusichern – für den Fall von Ausfällen und Engpässen gegenseitig das Füreinander-Einstehen zusagen.⁴⁰ In diesem Zusammenhang bekommt ein energiepolitisches Experiment wie die Dekarbonisierung der europäischen Volkswirtschaft eine zusätzliche, das Netz destabilisierende

Komponente. Die daraus resultierenden Probleme werden dann via Verbundnetz auf die Nachbarländer übertragen, was in der Konsequenz zu einem veritablen grenzüberschreitenden Problem werden kann.

Da die Stromerzeugung aus Wind und Sonne nationale Stromnetze mit hoher Unvorhersehbarkeit belastet, bleibt den europäischen, insbesondere den deutschen Netzbetreibern – in Deutschland sind sie zusätzlich durch das deutsche EEG verpflichtet, den Strom aus erneuerbaren Energien wie Wind- und Sonnenkraft vorrangig abzunehmen – häufig gar nichts anderes übrig, als den entstehenden Überschussstrom via Strombörsen in den Markt zu drücken. Dies führt an nachfrageschwachen Tagen dann wiederum zu der skurrilen Situation, dass an den Strombörsen teilweise sogar Negativpreise gezahlt werden (müssen), die Netzbetreiber also für produzierten Strom draufzahlen müssen, damit er abfließen kann. Für die Abnahme des Rohstoffs Energie wird vom Anbieter für die Abnahme des Produkts also noch Geld gezahlt. Gleichzeitig garantiert eben jenes EE-Gesetz der Deutschen den Produzenten des Stroms aus erneuerbaren Energien eine garantierte Einspeisevergütung. Der deutsche Steuerzahler und Stromkunde ist damit doppelt belastet, für ein Produkt, von dem er gar nichts hat.

Bei Deutschlands Nachbarstaaten beeinflusst das via Verbundnetz zum Nulltarif in deren Netz gedrückte Stromdumping wiederum deren Strommarkt häufig negativ. Die jeweilige nationale Merit-Order wird durch die subventionierte deutsche Energie unter Druck gesetzt und die Börsenpreise durch den subventionierten Strom aus erneuerbaren Energien nach unten gedrückt. Es liegt auf der Hand, dass dadurch die wirtschaftliche Grundlage der europäischen Energieversorger negativ beeinflusst wird.

Doch obgleich die technischen und wirtschaftlichen Fakten auf dem Tisch liegen, obwohl klar ist, dass auf dem aktuellen Stand der Technik eine dekarbonisierte Wirtschaft derzeit unrealistisch ist, dass die Wettbewerbsfähigkeit der Volkswirtschaft unter weiter steigenden Strompreisen zunehmend leiden und die finanzielle Belastung der Bürger erkennbar steigen wird, treibt die Politik die Umstellung der europäischen Erzeugungsstruktur allein auf erneuerbare Energien unbeirrt weiter voran, und es drängt sich der Eindruck auf, dass in die Energiepolitik der Europäer mittlerweile auch eine gewisse ideologische Grundhaltung Einzug gehalten hat.[41]

Der Preis der Dekarbonisierung

In einigen industrialisierten Ländern der Welt, allen voran in Deutschland, wurde der Energiewirtschaft vor dem Hintergrund des Klimaschutzes ein tiefgreifender Umbau auferlegt und dabei Ziele gesteckt, deren Erreichbarkeit bei nüchterner Betrachtung mehr als nur sehr ambitioniert sind. Darüber hinaus wird in Europa in dem bereits angesprochenen „Green Deal" neben der Kohlendioxid-Emissions-Reduktion gleichzeitig auch die vollständig klimaneutrale dekarbonisierte Wirtschaft angestrebt. Paradoxerweise entschieden sich die Deutschen auf dem Weg zur Energiewende (zeitlich vorgelagert zum Green Deal), mit dem Ausstieg aus der kohlenstoffdioxidfreien Kernenergie zu beginnen, erst zeitlich nachgelagert kam dann noch die Entscheidung zum Ausstieg aus der Kohleverstromung hinzu. Unabhängig davon, wie man zur Erreichbarkeit einer vermeintlich dekarbonisierten Wirtschaft steht, muss angesichts der bisherigen Erfahrungen hinsichtlich Kosten und Aufwand bei der erreichten Reduktion der Kohlendioxidemissionen mit einem kompletten energiewirtschaftlichen Umbau der Wirtschaft gerechnet werden, sofern sich die deutsche Volkswirtschaft dabei allein auf erneuerbare Technologieformen stützen möchte.

Deutschland ist damit eines der wenigen Länder weltweit, vielleicht sogar das einzige, das sich in den grundsätzlichen Umbau der eigenen Energiewirtschaft begibt, ohne wirklich zu wissen, wie die entstehende Erzeugungslücke geschlossen werden soll. Flankiert von der höchstrichterlichen Entscheidung dem Klimaschutz Verfassungsrang zu geben, ist die politisch motivierte energiewirtschaftliche Rahmensetzung sogar dazu angehalten. Allerdings steht zu befürchten, dass noch nicht allen Betroffenen, insbesondere den Bürgern vollends bewusst ist, dass der damit verbundene Transformationsprozess wesentliche und grundsätzliche Veränderungen im Energiebereich für die Deutschen mit sich bringen wird, die die Gesellschaft und Wirtschaft hart zu spüren bekommen werden.[42]

Im deutschen Durchschnitt lag der Strompreis bereits 2019 bei über 30 Cent pro Kilowattstunde. Für

Endverbraucher einer der höchsten Strompreise auf der Welt. Für ein industrialisiertes Land eigentlich ein harter Wettbewerbsnachteil, trotz aller bestehenden Ausnahmeregelungen für die deutsche Industrie. Die Hauptlast der politisch motivierten deutschen Energiewende tragen im Augenblick private Haushalte sowie kleine Handwerker und mittelständische Betriebe. Gleichzeitig erwächst aus der Verwaltung – beispielsweise der befreienden Ausnahmeregelungen – ein hoher bürokratischer Aufwand.[43]

Rechtliche Basis für das ausufernde Kostenpaket Strompreis ist in Deutschland das im Jahr 2000 eingeführte und seither variantenreich weiterentwickelte Erneuerbare-Energien-Gesetz (EEG). Über diese rechtliche Basis wird die landesweite Umstellung der Stromerzeugung auf die vermeintlich kohlenstoffdioxidfreie Stromerzeugung mit erneuerbaren Energien vollzogen. Darin verankert ist beispielsweise eine zwanzigjährige Abnahmegarantie mit festen und zunächst üppigen Konditionen sowie Einspeisevorrang ins Netz, was Investoren anreizte, in eigentlich unrentable Technologien zu investieren und so der Stromerzeugung aus Wind, Photovoltaik oder Biomasse zum Durchbruch zu verhelfen und die Aufwendungen für das EEG in schwindelerregende Höhen zu treiben.

Die europäische und insbesondere die deutsche Energiepolitik befindet sich allerdings keineswegs zufällig auf dem derzeitigen Entwicklungspfad. Die Veränderung in der Energiewirtschaft und der damit einhergehende Anstieg der Strompreise für Endverbraucher ist politisch gewollt. Die Zusammensetzung des Strompreises ist zum Beispiel in

Deutschland aufgrund der unterschiedlich hohen Stromtransportkosten grundsätzlich abhängig von Wohnort und Stromanbieter. Konkret setzt sich der deutsche Strompreis aus drei Elementen zusammen:[44]

1. Steuern, Abgaben und Umlagen. Die staatlichen Belastungen lagen 2019 bei über 52 Prozent des Strompreises;
2. Netzentgelte umfassen die Abgeltung für die Nutzung der Stromnetze, die der Netzbetreiber bekommt. Mit etwa 24 Prozent bildeten diese Gebühren 2019 den zweitgrößten Kostenblock;
3. Erzeugerkosten, also Stromerzeugung und Vertrieb, die der Stromanbieter erhält, bilden den Rest des Kuchens.

Diese Erzeugerkosten sind der Teil des Strompreises, den der Stromanbieter noch beeinflussen kann, also etwa ein Viertel des Strompreises. Zu den tatsächlichen Gesamtkosten, die der Endverbraucher zu tragen hat, gehören darüber hinaus neben den direkt via Stromrechnung erkennbaren Kosten, auch die indirekten, über die übrige Lebenshaltung weitergereichten Kosten. Letztlich werden auch von der Wirtschaft die Stromkosten an den Endverbraucher weitergereicht. Da für eine anerkannte und produzierende Anlage der erneuerbaren Energien die Verpflichtung zur Zahlung von EEG-Vergütung in Deutschland laut Gesetz 20 Jahre lang Bestandsschutz genießt, kann man sich leicht ausmalen, wie hoch bei Millionen von Anlagen die Gesamtbelastung für die deutsche Volkswirtschaft ist und weiterhin sein wird.[45/46]

Dabei sind die direkten Kosten der Energiewende allein

in Deutschland schon jetzt immens. Bis ins Jahr 2025 werden allein die direkten, durch die EEG-Umlage initiieren Kosten hier auf über 400 Milliarden Euro geschätzt. Hinzu kommen indirekte Kosten beispielsweise für den damit verbundenen Übertragungs- und Verteilungsnetzausbau, die Redispatch-Kosten sowie entstehende Netz- und Kapazitätsreservekosten. Darüber hinaus hat die nahezu unkonditionierte Förderung der erneuerbaren Energien in Deutschland die Marktbedingungen für konventionelle Kraftwerke signifikant verändert. Teilweise negative Strompreise müssen zu Lasten des konventionellen Kraftwerksparks gehen, wenn erneuerbare Energien eine garantierte Einspeisevergütung und Einspeisevorrang genießen.

Folglich sind die Gesamtkosten der deutschen Energiewende noch einmal deutlich höher und insgesamt immens, um dann 40 bis 45 Prozent des in Deutschland verbrauchten Stroms auf erneuerbare Energien umzustellen.[47] Die Vision von einer dekarbonisierten Wirtschaft würde also in die Billiarden gehen, allein in Deutschland. Größenordnungen, die zumindest nach Auffassung des Autors nach einer gesamtgesellschaftlichen Willensbildung verlangen. An dieser Stelle lohnt es sich, in Erinnerung zu rufen, dass den Deutschen diese enorme finanzielle Kraftanstrengung als sinnvolle und häufig auch einzig mögliche Maßnahme gegen die drohende Klimakatastrophe von Seiten der Politik präsentiert wird. Angesichts der skizzierten Dimensionen der deutschen Energiewende sind die dem gegenüberstehenden Opportunitätskosten – also beispielsweise das dann fehlende Geld für Schulen und Kindergärten – dieser

Entscheidung aber so hoch, dass eine vertiefte gesamtgesellschaftliche Debatte hierzu dringend geführt werden muss.

Die gigantischen Investitionsanreize zeigen aber auch ihre Wirkung. Der prozentuale Anteil aus Wind, Sonne und Biomasse an der Gesamterzeugung stieg seit der Einführung des EEG-Gesetzes kontinuierlich an, von rund sechs Prozent im Jahr 2000 auf rund 38 Prozent im Jahr 2018. Bis zum Jahr 2025 zielen die Deutschen nun auf einen Anteil der erneuerbaren Energien an der deutschen Stromversorgung von 40 bis 45 Prozent ab. Nicht einbezogen in diese Zahlen sind übrigens Wasserkraft und Müllverbrennung, da diese nicht per EEG gefördert werden. Insofern muss man korrekterweise den Anteil abziehen, der bereits vor dem Jahr 2000, also vor Einführung des EEG, am Netz war (etwas unter zwei Prozent).[48/49] Mittlerweile schwärmt die Energiepolitik der Deutschen für das Jahr 2030 sogar von einem Anteil von 65 Prozent, der bis 2050 dann auf mindestens 80 Prozent gesteigert werden soll.[50] Wobei nicht ausgeschlossen ist, dass der Ambitionslevel politisch noch weiter nach oben geschraubt wird.

Erfreulicherweise sind angesichts der Anstrengungen auch die Emissionen der meisten Schadstoffe aus der Stromerzeugung heute im Vergleich zu 1990 in Deutschland deutlich reduziert.[51] Beispielsweise ging zwischen 1990 und 2000 der Anteil an Schwefeldioxid im deutschen Strommix von etwa 4,8 g/kWh auf 0,57 g/kWh substanziell zurück. Bis 2018 halbierte sich dieser Wert nochmal auf dann 0,22 g/kWh.[52] Gleiches gilt für die Entwicklung beim Kohlenstoffdioxid. Waren es im Jahr 1990 noch 1.052 Millionen

Tonnen Kohlendioxid, die die Deutschen emittierten, fiel der Wert im Jahr 2000 auf 900 Millionen Tonnen und auf 755 Millionen Tonnen im Jahr 2018.[53] Allerdings sind trotz der riesigen Investitionen in erneuerbare Energien die Reduktionserfolge in den letzten Jahren nicht mehr so substanziell wie noch zwischen 1990 und 2000. Da der Großteil der Minderung der deutschen Schadstoffemissionen vor der Etablierung der Energiewende stattfand, erhebt sich die Frage, ob die Ursachen dafür weniger in den deutschen Klimaschutzbemühungen als vielmehr im Umbau der deutschen Industrie liegen. Die Transformation der ostdeutschen Planwirtschaft ab der deutschen Wiedervereinigung im Jahr 1990 hin zu marktwirtschaftlichen Strukturen hat für die Emissionsreduktion der deutschen Volkswirtschaft den größten Schub gebracht.

Fraglos sind die ersten Prozentpunkte Reduktion immer die „leichtesten". Jeder weitere Prozentpunkt ist zunehmend schwerer und zu teureren Konditionen zu erreichen. Angesichts des Füllhorns an Förderung für die erneuerbaren Energien kam es in Deutschland ab den 2000ern zu einem regelrechten Kannibalismus der kohlendioxidarmen Technologien untereinander, der flankiert von der veränderten Grundhaltung infolge der Kernkraftwerkshavarie von Fukushima 2011 hauptsächlich zu Lasten der Kernkraft ging. Lag der Anteil der Kernenergie am deutschen Strommix im Jahr 2000 noch bei knapp 170 TWh – was damals etwa einem Drittel der deutschen Stromerzeugung entsprach – fällt der Anteil des Energieverbrauchs bis 2022 aufgrund der politisch verordneten Abschaltung sämtlicher deutscher Kernkraftwerke auf null, denn dann werden gemäß deutschem Atomgesetz die drei jüngsten Reaktoren spätestens vom Netz gehen.

Da nun aber auch die Fläche eines Landes begrenzt ist, werden die erneuerbaren Technologien auf dem jetzigen Stand der Technik, die durch den angestrebten Ausstieg aus der fossilen Stromerzeugung entstehende Lücke zwischen Strombedarf und -angebot kaum ausgleichen können. Selbst wenn sich die Deutschen weiter einen nennenswerten Ausbau ihrer erneuerbaren Energien leisten wollen, sind geeignete Möglichkeiten vor allem für mehr Wind- und Solarstrom nur mit einem immer höheren Kapitaleinsatz bei geringerem Stromertrag je investiertem Euro die logische Folge. Die attraktiven Solar- und Windstandorte sind schlicht bereits genutzt. Selbst das sogenannte Re-Engineering, also der Bau noch größerer, noch leistungsfähigerer Anlagen an bestehenden Standorten hat seine Grenzen. Doch die Lücke bleibt. Außerdem stößt die sogenannte Verspargelung der Landschaft mit gigantischen Windrädern genauso wie der Bau von Solarparks mit vergleichsweise geringem Wirkungsgrad – dafür aber hohem verstecktem CO_2-Footprint bei der Herstellung und massivem Entsorgungsproblem – irgendwann auch auf gesellschaftliche Akzeptanzprobleme. Ganz abgesehen von den damit verbundenen Beeinträchtigungen im Natur- und Tierschutz.[54]

Aber was ist mit der Wasserkraft? Die geeigneten Standorte für Wasserkraftanlagen, bei denen die dafür relevanten Faktoren, wie Fließgeschwindigkeit und Menge des durchfließenden Wassers erfüllt sind, werden ebenfalls seit Langem weitgehend vollständig genutzt. Verbleibt, zumindest auf jetzigem Stand der Technik Biogas als erneuerbare Erzeugungsart. Hier bringt die Umnutzung von Agrarflächen auf die Energiepflanzenproduktion ethisch kaum vertretbare Zielkonflikte, eine Teller-Tank-Diskussion, die sich kaum auflösen lässt. Der Umweg über tierische Exkremente (die ebenfalls anlagentauglich sind) löst die bestehende Grundproblematik kaum auf, im Gegenteil, erweitert dieses noch um die ethischen Aspekte der Massentierhaltung.

Volkswirtschaftlich relevante Stromerzeugung, in welcher Form auch immer, setzt Skaleneffekte und eine gewisse Größenordnung voraus, soll damit ein Land versorgt werden. Hinzu kommen – unabhängig von der Form der Stromerzeugung – ganz praktische Herausforderungen wie beispielsweise die Dezentralität der Anlagen der erneuerbaren Energien. Stromeinspeisung und Netzsteuerung werden teurer und herausfordernder, je kleiner und verstreuter die Anlagen sind. Kurzum, auch Bioenergie hat quantitative Grenzen und kann nie in größerem Umfang zum Strommix beitragen.

Zumindest für Deutschland lässt sich sagen, dass die positiven Effekte auf den Klimaschutz durch die unter der Überschrift „Energiewende" getroffenen Maßnahmen bisher weniger wirksam sind, als politisch erhofft beziehungsweise den meisten Deutschen bewusst. Auf dem aktuellen Stand der Technik ist die Vision von einer dekarbonisierten (deutschen) Wirtschaft realistischerweise nur schwer zu realisieren, in jedem Fall aber sehr teuer. Dennoch wird daran weiter festgehalten und die Energiewende als Green Deal bedenkenlos nach ganz Europa getragen. Die damit verbundenen Kosten sind immens und für die Wirtschaft, die sich im internationalen Kontext bewegt, ein echter Wettbewerbsnachteil – was die Stromkosten für den Standort Deutschland bereits heute schon sind.

Selbst aus Sicht eines Optimisten kann der weltweite „Kampf gegen den Klimawandel" eigentlich nie enden. Dafür ist die Aufgabe zu groß und die Prozesse sind zu langwierig. Die Wirksamkeit der dagegen vorgebrachten energiepolitischen Maßnahmen bleibt entsprechend weitgehend unüberprüfbar. Aus Sicht der Zielstellung betrachtet – Begrenzung der Erderwärmung beziehungsweise Reduktion der Kohlenstoffdioxidemissionen – wird es Jahrzehnte dauern, bis Erfolg oder Misserfolg der Menschheit sichtbar werden. Was sich die Deutschen mit ihren Maßnahmen allerdings für enorm viel Geld bereits heute erkauft haben, ist eine veritable Bilanz der nationalen CO_2-Vermeidung aber auch eine abnehmende Versorgungssicherheit, steigende Energiepreise sowie abgewanderte (energieintensive) Industrien mit entsprechenden sozialen Konsequenzen. Hinzu kommen energiepolitische beziehungsweise staatliche Eingriffe in unternehmerische und persönliche Freiheiten. Alles keine trivialen Themen also, über die zu reden sich lohnt.

Die Illusion von sauberer Energie

Windkraft gilt zumindest für Deutschland als Erzeugungsart mit dem größten ökonomischen Potenzial – wobei man hier zwischen Onshore-Anlagen (Anlagen an Land) und Offshore-Anlagen (Hochsee-Anlagen) unterschiedet – deren Ausbau entsprechend gefördert wird.[55] Da zum einen das Verhältnis zwischen Investition und Erzeugungsleistung (EUR/MWh) relativ günstig ist, gleichzeitig aber auch die industrielle Skalierbarkeit dieser Erzeugungstechnik zumindest theoretisch gegeben, gilt diese als idealer Ersatz für die konventionelle Stromgewinnung. Aber auch die Photovoltaik genießt unter den Deutschen hohes Ansehen als Erzeugungstechnologie. Gemäß dem Motto, die Sonne schickt keine Rechnung, finden Solarpanele auf Millionen deutschen Häuserdächern Platz. Wenn von den erneuerbaren Energien gesprochen wird, bleibt allerdings häufig unerwähnt, dass Bau, Betrieb und Wartung der Anlagen auch mit negativen Effekten für Flora und Fauna verbunden sind – sowohl an Land als auch auf See. Es erhebt sich also die Frage, wie nachhaltig sind die erneuerbaren Energien eigentlich?

Da auch für Herstellung, Errichtung und Betrieb dieser Erzeugungstechnologie Energie investiert werden muss, ist das Verhältnis zwischen Ressourceneinsatz und Stromertrag ein zentraler Aspekt für die Energiebilanz. Es mag kontraintuitiv wirken, doch ob eine Windkraftanlage und erst recht eine Solarkraftanlage im Laufe ihres Lebenszyklus die darin investierte Energie auch wieder zurückliefert, ist keine ausgemachte Sache. Ist der Standort ungeeignet, können solche Anlagen durchaus auch sogenannte Energiesenken sein, deren Bau und Betrieb mehr Ressourcen verzehrt, als diese zurückliefern. Für die Ausleuchtung dieser zentralen Frage wurde das Konzept des „Energieerntefaktors" (EROI: Energy Returned on Energy Invested) entwickelt. Dabei wird schlicht die in Bau, Betrieb und Rückbau sowie in die Beschaffung des Brennstoffs investierte Energiemenge mit der von der Anlage produzierten Energiemenge (in Form von Strom) verglichen.[56]

Typischerweise liegt die Leistung der heute gängigen Onshore-Windkraftanlagen bei 5 MW, Offshore-Anlagen kommen mittlerweile sogar auf 8 MW und mehr. Im Leistungsbereich der Anlagen gab es in den vergangenen Jahren einen enormen Schub. Allerdings hat damit auch die Größe der einzelnen Windkraftanlage sowie der entsprechende Ressourceneinsatz dafür stark zugenommen. Allein das Fundament einer klassischen Onshore Windkraftanlage verschlingt mehrere Tonnen an Stahlbeton.[57/58] Eine Schwäche dieser Erzeugungstechnologie ist deren eingeschränkte Regulationsfähigkeit. Da die Leistungsabgabe der einzelnen Windkraftanlage oder des Solarparks selten exakt zum jeweiligen Bedarf passt, so dass temporär nicht benötigte Produktion in irgendeiner Form gespeichert oder bei höherem Bedarf, als es die aktuelle Produktion hergibt, aus anderen Quellen bezogen werden muss. Es gehört zu den physikalischen Binsenweisheiten, dass Stromproduktion via Sonne, Wind oder Wasser von den aktuellen Wetterbedingungen beziehungsweise dem saisonalen Wasserangebot abhängig ist und starken Schwankungen unterliegt. Das erklärt auch, weshalb nicht jedes zusätzlich errichtete Windrad, nicht jeder neu installierte Solarpark zwangsläufig auch ein „gutes" Windrad, ein „guter" Solarpark ist.

Um den Energiebedarf einer industrialisierten Gesellschaft mithilfe erneuerbarer Energien zu decken und gleichzeitig einen positiven Beitrag zur Energiebilanz in einer Gesellschaft mit komplexer, energieintensiver Zivilisation zu leisten, bedarf es neben der Installation von enormen Kapazitäten eines Energiesystems mit erkennbar höherem Energieerntefaktor, als die erneuerbaren Energien dies im Augenblick bieten. Für ein technologisch hochstehendes Land wie Deutschland, ist es durchaus konsequent Klimaschutz als Rechtsanspruch grundgesetzlich (in der eigenen Verfassung) zu verankern. Dies darf allerdings nicht bedeuten, dass die vermeintlich vermiedene Emission in einem anderen Land in der Vorkettenproduktion oder aber in der Entsorgung stattfindet.

Zumindest in der westlichen Welt ist die Begrifflichkeit erneuerbare Energien für die meisten Bürger überaus positiv besetzt und wird als ein Synonym für umweltfreundlich, sauber und gesund aufgefasst. Gleichzeitig wird die fossile Kraftwerkstechnologie als „Dreckschleudern" und „Klimakiller", die Kernkraft sogar als „Teufelszeug" konnotiert. Dass bei einer ganzheitlichen Betrachtung und konsequenten Anwendung der gleichen Maßstäbe wie für fossile Energieerträge auch Energie aus Wind- und Sonne durchaus zu den Umweltsündern gezählt werden kann, ist kaum im öffentlichen Bewusstsein.

Drei Beispiele sollen dies verdeutlichen: Lange Zeit war die Verwendung von Neodym in der Windkraft sowie Cadmium in der Solarenergie üblich. Ferner kommt häufig Aluminium zum Einsatz. Allerdings sind damit negativen Rückwirkungen auf die Umwelt verbunden.

Neodym (Seltenerdmetall)[59] eignet sich unter anderem gut zur Herstellung starker Permanentmagnete, die wiederum für bestimmte Generatorentypen eine wichtige Rolle spielen. Deswegen gehörten Windkraftanlagen zu großen Nachfragern dieses Metalls. In großen Windkraftanlagen kann bis zu einer Tonne an Neodym in den Stromgeneratoren verbaut sein. Doch die Erze dieser Elemente weisen nur eine vergleichsweise geringe Neodym-Konzentration auf. Zudem muss Neodym aus den Erzen mit aufwendigen chemischen Verfahren gelöst werden, wobei giftige Rückstände entstehen.[60]

Darüber hinaus kam insbesondere bei Windkraftanlagen der ersten Generation für verschiedene Bauteile wie Rotorflügel und Gondel regelmäßig auch Aluminium zum Einsatz. Aluminiumgewinnung geht bekanntermaßen mit Umweltrisiken (vor allem die Bauxitförderung) einher, auch wenn es sich bei Aluminium um einen üblichen Baustoff handelt.[61] Der Herstellungsprozess für Aluminium verschlingt außerordentlich hohe Energiemengen. Und obwohl sich beim Rohstoffabbau generell in den vergangenen Jahren vieles zum Besseren gewendet hat, stehen bis heute beim Bauxit-Abbau die Belange von Natur- und Arbeitsschutz nicht immer an erster Stelle. Ganz abgesehen davon sind die Rohstoffvorkommen auf der Erde sehr ungleich verteilt, woraus wiederum große geopolitische und ökonomische Abhängigkeiten mit weitreichenden Konsequenzen erwachsen. Mittlerweile wird bei der Herstellung von Windkraftanlagen zunehmend auf leistungsfähige hybride Verbundstoffe gesetzt, die jedoch bei der Entsorgung nach Ablauf der technischen Lebensfähigkeit teilweise Sondermüll darstellen.

Schließlich sei mit Blick auf die Windenergie noch erwähnt, dass die technische Entwicklung beim Bau von Windkraftanlagen heute Nabenhöhen von weit über 100 Metern erlaubt (aktuell werden Nabenhöhen von bis zu 164 Metern erreicht). Je nach Rotordurchmesser kann es so bei Windrädern in Europa zu Gesamthöhen von über 200 Metern kommen. Diese enormen Höhen setzen allerdings auch ein entsprechend großes Fundament aus energieintensiv produziertem Stahlbeton voraus, das in die Erde verbracht werden muss. Jedes einzelne Windrad, dass sich in der Landschaft dreht, ist zwangsläufig mit einem relativ großen Eingriff in die Natur verbunden. Bevor eine Windkraftanlage auch nur eine einzige Kilowattstunde Strom erzeugen kann, gilt es also, viel Energie in die einzelne Anlage zu investierten. Außerdem steht der Betrieb der Windkraftanlage und der daraus gewonnene Umweltnutzen – wie bei jeder technischen Anlage – im Konflikt mit Anliegen des Naturschutzes beispielsweise mit Blick auf Insekten und Vögel. Es mag trivial klingen aber in Summe sind die Effekte allein auf Vögel enorm: Kollisionen von Vögeln mit Windkraftanlagen, veränderte Lebensräume von Vögeln, Auswirkungen auf Brutstätten, Auswirkungen auf Zugvögel aber auch indirekten Auswirkungen z.B. durch den Bau von zusätzlichen Infrastrukturanlagen.[62]

Noch ungünstiger liegt die Energie- und Umweltbilanz bei Solarkraftanlagen. Auch hier existieren unterschiedliche Anlagentypen, die sich in den verwendeten Techniken und verbauten Materialien unterscheiden, so dass differenziert werden muss. An der grundsätzlichen Kritikwürdigkeit dieser Erzeugungsart ändert dies jedoch nichts. Beispiel Dünnschichtsolarzellen: Solarpanelen dieser Art enthalten das giftige Cadmiumtellurid. Cadmium, das wegen seiner zahlreichen nützlichen Eigenschaften in verschiedenen Industrieprozessen – so auch zumindest eine Zeit lang in der Dünnschicht-Solarzellen-Herstellung – Verwendung findet, ist eben auch ein gefährliches Gift. Da dessen Verarbeitung nur unter strengen Auflagen möglich ist, argumentiert die Solarbranche, dass von Solarzellen mit Cadmiumtellurid im Normalfall keine Umweltgefährdung ausgeht.[63] Doch wie bei jeder anderen Technologie auch liegt genau in der Definition von Normalfall das Risikopotenzial. So kann es beispielsweise, sobald die den äußeren Einflüssen und der Witterung permanent ausgesetzten Solarmodule beschädigt werden, durchaus zur Freisetzung von Cadmium kommen.

In Deutschland hat die Politik sowohl für Windkraft- als auch Solaranlagen im Baugesetzbuch[64] eigentlich den Rückbau dieser Anlagen gesetzlich geregelt, sobald deren Betrieb eingestellt wird. Doch die in teilweise schwere Existenznöte geratene deutsche Solarbranche wird die vormals abgegebenen Entsorgungsversprechen voraussichtlich nur eingeschränkt erfüllen können. Den Deutschen hingegen, die den erneuerbaren Energien sehr aufgeschlossen gegenüberstehen, ist diese Problematik momentan kaum bekannt. Schätzungen zufolge waren im Jahr 2019 in Deutschland etwa 1,7 Millionen Photovoltaikanlagen installiert, wovon rund 10 Prozent Dünnschicht-Solarzellen mit Cadmiumtellurid sind. Da die Lebensdauer einer Photovoltaikanlage derzeit auf 20 bis 25 Jahre taxiert wird – belastbare Aussagen hierzu sind nur eingeschränkt möglich, da die Langzeiterfahrungen hierzu schlicht fehlen – ist damit zu rechnen, dass innerhalb der nächsten Jahre tausende Tonnen giftiger Sondermüll entsorgt werden müssen.[65/66]

Mit anderen Worten, da die von der Solarindustrie in Aussicht gestellten Recyclingpfade teilweise nicht mehr verfügbar sind – die Unternehmen existieren schlicht nicht mehr –, werden wohl die betroffenen Hausbesitzer das entstandene Entsorgungsproblem finanzieren müssen. Insbesondere die mit Dünnschichtsolarzellen bedeckten Dächer dürften als Sondermüll gelten und so für die Eigentümer perspektivisch ein Entsorgungsrisiko darstellen. Ebenfalls ein Risikofaktor der Erzeugungsart Solar ist darüber hinaus die Gefahr von Bränden. Mit Photovoltaikanlagen bedeckte Dächer werden aktuell von Feuerwehren wegen der Gefahr elektrischer Schläge nur unter besonderen Voraussetzungen gelöscht.[67] Sind auf dem betroffenen Dach außerdem noch mit Cadmiumtellurid belastete Dünnschicht-Solarzellen verbaut, können zudem noch Gesundheitsgefahren entstehen.

Wirtschaftliche Prosperität braucht bezahlbare Energie

Das verlässliche Vorhandensein sowie die Bezahlbarkeit von Energie ist zwingende Voraussetzung für wirtschaftliche Prosperität. Eine dekarbonisierte, allein auf den heute bekannten erneuerbaren Technologien basierende Energiewirtschaft kann auf heutigem Stand der Technik beides nur mit Einschränkungen bieten. Die durchschnittlichen mitteleuropäischen Windverhältnisse beispielsweise weisen generell nur eine geringe Energiedichte auf, so dass für die Gewinnung nennenswerter Strommengen entsprechend viele und vor allem sehr große Erzeugungsanlagen erforderlich sind. Damit geht allerdings auch ein enormer Bedarf an Fläche, Raum und Material einher, um diese Form der Erzeugung zu ermöglichen.[68]

Eine klassische Onshore-Windkraftanlage in Deutschland mit einer Nennleistung von 7.5 MW (im Jahr 2020 ein gängiger Standard) erzeugt bei mittlerer angenommener Windernte pro Jahr etwa 15.000 MWh elektrische Energie. Das klingt viel und wird häufig von der Presse sogleich auch übertragen in die Zahl an Haushalten, die mit dieser Strommenge (theoretisch) versorgt werden können. Was dabei allerdings oft unausgesprochen bleibt, ist, wie teuer der Strom aus dieser Anlage, bezogen auf die einzelne Kilowattstunde für den Endkunden, wäre, müsste er seine Stromversorgung allein von diesem einen Windrad beziehen. Außerdem bleibt unausgesprochen, dass der Strom dieser einzelnen Anlage angesichts unsteter Windverhältnisse kaum verlässlich zur Verfügung stehen kann. Es gibt schlicht auch Windflauten, was entweder Speichermöglichkeit, fossile Backupkraftwerke oder aber ein großes Portfolio an Windkraftanlagen (geografisch sehr weit verteilt) voraussetzt. Dies wiederum macht ein großes Stromnetz erforderlich und kostet natürlich ebenfalls viel Geld.

Ein klassisches Kohlekraftwerk mit einer Leistung von 1300 MW und dem üblichen Nutzungsgrad von etwa 90 Prozent produziert in einem Jahr etwa 10 Millionen MWh an Strom, also ungefähr das 660-Fache allein an Energiemenge. Natürlich wäre es unredlich, die einzelne Windkraftanlage mit einem Großkraftwerk zu vergleichen. Im Umkehrschluss bedeutet das allerdings auch, dass für die Erzeugung der nominell gleichen Energiemenge des hier betrachteten Kohlekraftwerks 660 Windräder gebraucht würden. Berücksichtigt man zudem noch die – auf derzeitigem Stand der Technik – durchschnittlich doppelte Lebensdauer eines Großkraftwerks im Vergleich zur Windkraftanlage, wird der Ressourcenbedarf der Windenergie im Vergleich zum Kraftwerk nochmal ungleich höher und das Ungleichgewicht zwischen Nutzen und Kosten der erneuerbaren Energien (in diesem Fall der Erzeugungsart Wind) wesentlich ausgeprägter.[69]

Jedoch nicht nur volkswirtschaftlich, sondern auch aus Sicht der Windkraftanalagenbetreiber ist die Chancen-Risikostruktur nicht so eindeutig positiv zugunsten der Windenergie. Die wirklich ertragreichen Windstandorte mit hoher Windernte sind in Europa weitgehend belegt. Bei neuen Projekten (abgesehen vom Repowering) verdienen deshalb in erster Linie die Hersteller der Anlage, die errichtende Projektgesellschaft, die Gutachter und Berater sowie der Grundstücksbesitzer, der zumindest in Deutschland über 20 Jahre lang garantierte Pachterträge generieren kann. Für die Investoren in Windkraftanlagen bleibt im Vergleich zum eingegangenen Risiko ein verhältnismäßig kleiner Teil. Selbst eine garantierte Einspeisevergütung pro Kilowattstunde (deutsche Regelung) deckt das mit einer Windkraftanlage verbundene Risiko insbesondere bei nur durchschnittlicher Windernte in der Regel kaum ab. Das Risiko liegt also bei den Eigentümern und Betreibern der Anlage, die neben der Verantwortung für die angemessene Verzinsung der anfänglichen Investitionskosten auch sämtliche mit dem Projekt verbundene Unwägbarkeiten abfedern müssen, wozu insbesondere das Ertragsrisiko, das Betriebsrisiko, das Recyclingrisiko sowie zunehmend auch politische Risiken gehören.

Im Mittelpunkt steht das Ertragsrisiko, welches wiederum vor allem von der prognostizierten Windernte beziehungsweise dem Nutzungsgrad geprägt wird, da sich daraus die zu erwartenden Stromerträge ergeben. Die geografische Lage hat dabei den entscheidenden Einfluss auf die Höhe der Windernte. In der Praxis sind für das deutsche Festland im langfristigen Mittelwert für Wind-Onshore Nutzungsgrade unter 20 Prozent realistisch.[70] Insofern verwundert es auch nicht, dass ein erheblicher Teil der in Deutschland kommerziell betriebenen Onshore-Windparks ökonomisch nicht auf Rosen gebettet ist.[71] Die Verlierer sind die Investoren, die, angelockt von sicherer Rendite und sauberen Investments, feststellen müssen, dass die tatsächlichen

Erträge hinter den Erwartungen zurückbleiben. Beispiele dafür gibt es allein in Deutschland genug: Windreich, Prokon und Juwi sind nur die bekanntesten Fälle.

Noch viel deutlicher ist die Diskrepanz zwischen Ertrag und Nutzen bei Photovoltaikanlagen. Hier spielt der richtige Standort die entscheidende Rolle. Der Idealfall sind Südlagen mit viel Sonnenschein, langer Sonnenscheindauer, klarem Himmel und staubpartikelarmer Luft. Bedeckter Himmel, häufige Inversionswetterlage aber auch die falsche Neigung, unzureichende Südorientierung, selbst Teilabschattungen durch Gebäude oder Pflanzen mindern die Erträge jeder Solaranlage erheblich. Ganz abgesehen von Verschmutzungen durch Staub, Laub, Schnee oder Eis. Für Mitteleuropa ist von einem durchschnittlichen Langzeit-Nutzungsgrad für eine Solaranlage von um die 10 Prozent auszugehen. Es sollte also eigentlich der gesunde Menschenverstand Investoren davon abhalten, diese Art der Stromerzeugung beispielsweise in Deutschland zu etablieren. Dennoch befinden sich auf deutschen Dächern tausende dieser Anlagen. Obwohl vom ersten Moment der Inbetriebnahme an unwirtschaftlich, wird über die bereits erwähnte garantierte Einspeisevergütung gesetzlich volkswirtschaftlicher Schaden zu Lasten aller etabliert.[72]

Neben dem, im Vergleich zu fossilen Kraftwerken niedrigen Nutzungsgrad der Wind- und Sonnenenergie, besteht eine zweite zentrale Schwäche dieser Formen der Energieerzeugung im stark fluktuierenden Angebot, da die Sonne nun mal nicht immer scheint und selbst in windstarken Zeiten es noch kurzzeitig zu extremen Schwankungen kommt. Diese Schwäche wiederum setzt sich fort und überträgt sich ins System, denn schwankende Einspeisung an Wind- und Sonnenstrom wirkt auch auf dessen Transport. Eine Leitung kann nur Strom transportieren, der auch tatsächlich vorhanden ist. Fluktuiert die Einspeisung, fluktuiert die Ausspeisung. Schwankende Auslastung verursacht wiederum hohe spezifische Kosten. Diese prinzipbedingte Einschränkung ließe sich deshalb auch nicht durch die signifikante Erhöhung der installierten Anlagen beheben, denn es handelt sich um ein grundsätzliches Problem dieser Erzeugungstechnologie.[73]

Doch damit nicht genug, insbesondere Windkraftanalgen sind komplexe technische Maschinen, die enormen Beanspruchungen unterliegen und dabei stets der Witterung ausgesetzt sind. Die Betriebsbereitschaft und Lebensdauer von Windenergieanlagen ist deshalb regelmäßig von Schadensereignissen determiniert. Dass Reparaturen in großen Höhen – zu den Schwachpunkten der Anlagen gehören insbesondere Getriebe[74] – teuer sind, liegt auf der Hand. Insofern ist die Angabe von Verfügbarkeiten von Windkraftanlagen nicht nur eine Frage der Lebensdauer, sondern auch der Störanfälligkeit. Gleichzeitig steigt damit auch das Rückbaurisiko, zumal zumindest in Deutschland bei einer Insolvenz des Windenergieanlagenbetreibers die Verantwortung für den umweltgerechten Rückbau auf den Grundstückseigentümer übergeht, auf dem die Anlage steht.[75]

In Summe lässt sich konstatieren, dass für Windenergieanlagen ein substanzielles Recyclingrisiko besteht, da zumindest für den deutschen Markt festgelegt ist, dass nach Ablauf der momentan angenommenen 20-jährigen Betriebsdauer umweltverträglich demontiert und entsorgt werden muss. Ertüchtigungsmaßnahmen und Repowering können den Vollzug dieser Auflagen zwar über mehrere Jahre hinweg hinauszögern, doch der Grundsatz der notwendigen sachgerechten Entsorgung dieser Anlagen bleibt bestehen. Zudem ist die Vorstellung, eine das technische Lebensende erreichte Windkraftanlage ohne größere Investitionen ertüchtigen zu können, illusorisch. Es ist ein kostspieliges Unterfangen.

Ein ähnliches Bild bietet sich im Übrigen auch mit Blick auf die Solarenergie. Solarpanels sind von eingeschränkter Lebensdauer und zudem störanfällig, was den ohnehin bereits geringen Nutzungsgrad weiter vermindert. Erschwerend kommt hinzu, dass die Leistungsfähigkeit eines Solarpanels im Laufe der Zeit allmählich abnimmt. Über die Lebensdauer gesehen, sinkt dessen Leistungsvermögen unter 80 Prozent der ursprünglichen Leistung. Und schließlich belastet die bereits angesprochene Entsorgungsproblematik von Solarpanelen die Wirtschaftlichkeitsrechnung. Zumindest nach deutschem Recht handelt es sich um Sondermüll, der giftige Schwermetalle wie Blei, Cadmium und Tellur enthält, was entsprechend aufwändig und teuer entsorgt werden muss.[76]

Der entscheidende Impuls für den enormen Zuwachs an sogenannter grüner Energie in Europa kam von der politischen Anreizsetzung. In Deutschland beispielsweise wurde für erneuerbare Erzeugungsanlagen eine zwanzigjährige

Abnahmegarantie gesetzlich verankert. Konkret wird für den so erzeugten Strom eine zuvor festgelegte, deutlich oberhalb des Marktpreises liegende, sogenannte Einspeisevergütung gezahlt. Außerdem genießt der „erneuerbar" erzeugte Strom Einspeisevorrang ins deutsche Netz, so dass dieser den deutlich günstigeren konventionell erzeugten Strom verdrängt. Bezahlt werden diese Regelungen vom deutschen Endverbraucher über einen Zuschlag auf seiner Stromrechnung. Die Wirtschaftlichkeit der Investition wiederum ist von der Einhaltung dieser Regelungen abhängig, denn die garantierten Preise für aus erneuerbaren Energien erzeugten Strom liegen erkennbar über den Produktionskosten konventioneller Kraftwerke. Die Nebeneffekte wie Ausbau Speicher- und Transportnetzkapazität sind dabei sogar noch unberücksichtigt.

Gestehungskosten zu finanzieren, die deutlich oberhalb des realisierbaren Marktpreises liegen, oder eine bestimmte Erzeugungsart zu priorisieren, lässt sich natürlich politisch durchaus begründen, setzt aber auch einen gesellschaftlichen Konsens voraus. Im Augenblick folgt dieser politischen Entscheidung im Geleitzug mit den hohen Strompreisen in Deutschland auch die Frage nach der künftigen Wirtschaftsstruktur und den damit verbundenen Arbeitsplätzen. Damit verbunden wiederum sind weitreichende gesellschaftliche Konsequenzen, denn es zeichnet sich bereits ab, dass energiepolitischen Entscheidungen in Deutschland in der Konsequenz eher mit Wohlstandsverzicht für die Bürger verbunden sind.

Für einen deutschen Durchschnittshaushalt (Jahresverbrauch 3.500 kWh) im Jahr 2020 hat sich der durchschnittliche Strompreis (31,37 Cent/kWh) im Vergleich zum Jahr 2000 (13,94 Cent/kWh) um ein Vielfaches erhöht. Da das verfügbare Einkommen im gleichen Zeitraum aber nicht in gleicher Weise angestiegen ist, verzehren die Kosten für Strom in 2020 auch einen deutlich größeren Teil des verfügbaren Haushaltseinkommens als noch 20 Jahre zuvor, was mithin Kaufkraftverlust bedeutet.[77/78] Im Ergebnis ist die Entscheidung zur „Energiewende" zumindest auf dem aktuellen Stand der Technik für die Deutschen also tatsächlich mit einem Verzicht an Wohlfahrt verbunden.

IV

Alternative Wege[1]

Angesichts der zahlreichen Bedenken, die in diesem Buch mit Blick auf die aktuellen Bestrebungen nach einer dekarbonisierten Gesellschaft formuliert wurden, stellt sich natürlich die Frage, welche Alternativen zur Fokussierung auf erneuerbare Energien existieren. Eine naheliegende Alternative besteht in der Renaissance der Kernenergie, ein Stichwort, das auf der ganzen Welt, aber ganz besonders in Deutschland, teilweise heftige Abwehrreflexe auslöst.

Selbstverständlich wird niemand bestreiten, auch der Autor nicht, dass Kernenergie Risiken birgt, die in ihrer vermeintlichen Dimension und Unendlichkeit auf Menschen sehr beängstigend wirken können. Doch das Bild von der unkontrollierbaren Gefahr hat nur bedingt etwas mit der Realität zu tun. Die Risiken der Kernenergie hat die Menschheit vergleichsweise gut im Griff, zudem sind diese – gemessen am tatsächlichen Potenzial – keine Menschheitsbedrohung. Darüber hinaus sind Risiken der Kernenergie in ihrer Schwere und Bedeutung durchaus mit denen anderer Industrien, beispielsweise der chemischen Industrie, vergleichbar. Und schließlich ist der Umgang mit diesen Risiken, Beispiel radioaktive Abfälle[2] – international in schwach-, mittel- und hochradioaktiv eingeteilt –, wesentlich fortgeschrittener, als es den meisten Menschen bewusst ist.

Gleiches gilt für die Quantität beispielsweise eben jenes Risikos radioaktiven Abfalls. Nach Angaben der World Nuclear Association entstehen Jahr für Jahr weltweit zwar 12.000 Tonnen hochradioaktive Abfälle, was im ersten Moment durchaus viel klingt, jedoch im Vergleich zu den Unmengen an Reststoffen (insbesondere Asche und Gips), die zum Beispiel in der Kohleverstromung entstehen, nur einen winzigen Bruchteil darstellen.[3/4] Jede menschliche Errungenschaft birgt sowohl Nutzen als auch Risiken, die es gegeneinander abzuwägen gilt. Eine moderne Zivilisation wäre ohne das bewusste Eingehen von Risiken nicht möglich: So ist eine ärztliche Behandlung immer ein Abwägen der damit verbundenen Risiken, und der Automobilverkehr wird nicht eingestellt, obwohl jedes Jahr allein in Deutschland tausende Menschen dadurch umkommen.[5] Und doch benutzen Menschen täglich ihr Auto. Zivilisation bedeutet also im Umgang mit solchen Technologien in aller Nüchternheit damit verbundene Risiken zu kalkulieren und gegen den Nutzen dieser Technologien abzuwägen. Sich als Gesellschaft gegen eine bestimmte Technologie zu entscheiden, gehört zum demokratischen Entscheidungsprozess, doch Pauschalisierungen und Emotionalität bei der Evaluation einer Technologie nehmen der Menschheit ihre Zukunftsfähigkeit. Zum Selbstverständnis westlicher Gesellschaften gehört die national mehr oder weniger ausgeprägte Erwartung, dass der Staat den Einzelnen vor den Risiken des Lebens bewahrt. Diese Denkweise prägt den Umgang mit den Risiken der modernen Zivilisation so sehr, dass diese im Alltag der Menschen keine Rolle mehr spielen und sich gleichzeitig eine Mentalität etabliert hat, die die Abwesenheit jeder Form von Lebensrisiko unterstellt. Das mit „Alltag" verbundene allgemeine Lebensrisiko wird von vielen Menschen mit größter Selbstverständlichkeit akzeptiert und weitestgehend aus dem Bewusstsein der Bevölkerung als Risiko komplett verdrängt.[6]

Im Unterschied dazu empfindet die Mehrheit der Menschen zumindest in Deutschland Kernenergie als Bedrohung. Die manchmal trockene und spröde Realität stellt sich allerdings etwas differenzierter dar. Die zivil genutzte Kernenergie gehört nach heutigem Stand der Technik zu den sichersten heute von der Menschheit genutzten großtechnologischen Formen der Energieerzeugung. Die Standards im Umgang mit dieser Technologie sind so hoch, dass keine andere Form der Energieerzeugung dieses Sicherheitsniveau erreicht. Die Menschheit fürchtet sich vor Tod durch Strahlung, Verseuchung der Landschaft sowie radioaktivem Abfall mit Ewigkeitswert. Doch trotz dieser verständlichen Ängste der Menschen im Zusammenhang mit der zivilen Nutzung der Kernenergie, gehört diese, gemessen an den Inzidenzen, zu den sichersten und saubersten Technologien überhaupt.[7]

Weltweit brachte die zivile Nutzung der Kernenergie

bisher drei elementare Unfälle hervor, die in die Kategorie Größter Anzunehmender Unfall (GAU) eingestuft werden: *Three Mile Island* (Harrisburg, USA) 1979, *Tschernobyl* (damalige UdSSR) 1986 und *Fukushima* (Japan) 2011. Allesamt Ereignisse, die die Menschheit tief erschüttert haben. Und doch sind die Konsequenzen daraus für die Menschheit bei Weitem nicht so apokalyptisch, wie viele befürchteten. Ein Bericht des wissenschaftlichen Komitees der Vereinten Nationen (aus 2008) über die Auswirkungen radioaktiver Strahlung in Tschernobyl spricht von 50 Toten aufgrund direkter Strahlungseinwirkung.[8] Jedes Todesopfer ist selbstverständlich eines zu viel, keine Frage, aber im Gegensatz zur allgemeinen Wahrnehmung starb selbst in Fukushima nur ein Mensch in direkter Folge der Kernkratfwerkshavarie – und der fiel bei Sicherungsarbeiten von einem Gerüst. Todesopfer infolge direkter Strahlungseinwirkung gab es im weiteren Verlauf durch Fukushima bislang eines.[9]

Extrem emotional diskutiert werden deshalb vor allem die mit der Nutzung der Kernenergie in Verbindung gebrachten Langzeitfolgen für Mensch und Natur, die sich auf Basis von Modellberechnungen schnell in enorme Höhen extrapolieren lassen. Diese Herangehensweise an die Risiken der Kernenergie übersieht allerdings die Kollateralrisiken anderer Technologien wie zum Beispiel das bereits erwähnte Autofahren. Autofahren stellt heute kaum noch ein Mensch in Frage, es ist aus dem Alltag vieler Menschen kaum wegzudenken. Dennoch birgt jede einzelne Autofahrt auch ein tödliches Risiko. Obgleich auch gesagt werden muss, dass es zur persönlichen Freiheit gehört, sich in ein Auto zu setzen oder eben nicht, während der Einzelne diese Wahl bei der Kernenergie prinzipiell gar nicht hat, mithin der Vergleich zwischen den Risikopositionen ein Stück weit hinkt.

Hoch umstritten ist auch der Umgang mit radioaktivem Abfall. Die Ewigkeitswerte dieser Abfallkategorie bergen hohen gesellschaftlichen Sprengstoff. Zwar ist die Errichtung eines funktionierenden Endlagers technisch herausfordernd, aber durchaus machbar. Um die tatsächliche Bedeutung der Aufgabe Endlagerkonzept zu erfassen, muss man sich vergegenwärtigen, dass es bisher keine vom Menschen errichteten Bauwerke oder Technologien gibt, die mehr als ein paar tausend Jahre überdauert haben. Aber genau das wäre nach gegenwärtigem Stand der Technik die Herausforderung im Umgang mit radioaktivem Abfall.

Wie der Umgang mit Kernenergie und den damit verbundenen Endlagerfragen aussehen kann, zeigt beispielsweise Schweden vorbildhaft. Das Land mit nur rund 9 Millionen Einwohnern betreibt zehn Kernreaktoren, die mehr als ein Drittel des nationalen Strombedarfs decken. Der hohe gesellschaftliche Konsens, getragen von der Breite der Gesellschaft in Schweden, ist das Ergebnis großer Transparenz in der Kosten-Nutzen-Abwägung der Kernenergie. Die schwedische Bevölkerung hat zu allen wichtigen Themenstellungen rund um die Endlagerfrage leichten Zugang. Jedwede Bedenken lassen sich am leichtesten durch Offenheit ausräumen. Das bestehende Endlagerkonzept der Schweden für hoch radioaktive Abfälle ist weitgehend unumstritten.[10] SKB, eine gemeinsame Tochtergesellschaft der schwedischen Erzeuger von Kernenergie, obliegt hierfür die Verantwortung.[11] Finanziert wird dies im Übrigen durch eine Abgabe auf jede Kilowattstunde, die in einem Kernkraftwerk erzeugt wurde.

Eine Innovation innerhalb der Kernenergietechnik zeichnet sich in Form der sogenannten „Small Modular Reactors" (SMR) ab. Das Konzept geht auf Entwicklungen der 1950er-Jahre zurück, insbesondere den Versuch, Atomkraft als Antriebstechnologie für Militär-U-Boote nutzbar zu machen. Das Besondere daran ist, dass dieser Reaktortyp lediglich einen Bruchteil der Leistung konventioneller Großkraftwerke aufweist, entsprechend klein und deshalb in allen relevanten Fragen – von der Bauzeit bis zur Entsorgung – deutlich kleiner dimensioniert ist. In diesem Zusammenhang spielen die sicherheitstechnischen Vorteile der SMR eine große Rolle,[12] allein schon aufgrund des geringeren radioaktiven Inventars pro Reaktor.

Konterkariert wird dieser Größenvorteil der SMR ein Stück weit durch die hohe Anzahl an Reaktoren, die für die gleiche Produktionsmenge an elektrischer Leistung notwendig ist. Hinzu kommt, dass die Bandbreite der durch den Begriff SMR erfassten Konzepte von den heute schon erprobten Leichtwasserreaktoren mit geringer Leistung bis hin zu vollkommen neuen Konzepten reicht, für die bislang kaum industrielle Vorerfahrung vorliegt (unter anderem Hochtemperatur- oder Salzschmelze-Reaktorkonzepte). Es kann also noch Jahre dauern, bis sich ein großindustriell nutzbares Konzept durchsetzt, insbesondere da die verschiedenen Risiken, die mit Vervielfachung der Zahl der Anlagen einhergehen, wie Transport, Rückbau und Endlagerung identisch zur aktuellen Kernenergiediskussion sind.[13]

Und doch ergreift die Idee der SMR-Technik kommerziell immer mehr Raum. So propagiert beispielsweise Bill Gates über das von ihm maßgeblich mitfinanzierte Unternehmen TerraPower die SMR-Technik und plant, „kleine" SMRs für die ganze Welt zu liefern. Unter anderem stellt TerraPower dabei auf die Verwendung von abgereichertem Uran als Brennstoff ab, so dass diese Technik die Atommüll-Lagerbestände sogar reduzieren würde.[14] Unstrittig ist, dass angesichts der geringen elektrischen Leistung die SMR die Baukosten relativ betrachtet – bezogen auf die einzelne MWh – höher als bei großen Atomkraftwerken sind. Gleichzeitig sind die Kosten des einzelnen SMR-Kraftwerks naturgemäß erkennbar geringer als ein Großkraftwerk. Hinzu kommt, dass unter Berücksichtigung einer gewissen technischen Entwicklung von einem günstiger werdenden Einstieg in die SMR-Produktion auszugehen ist.

Die Weiterentwicklung der Kernenergie ist ein wichtiges Instrument, wenn man es tatsächlich ernst meint mit der Verringerung von Kohlendioxidemissionen. Die spezifischen Kosten für Wind- und Sonnenstrom sind in den vergangenen Jahren zwar rapide gefallen, doch die Stromerzeugung mit Windrädern und Photovoltaik-Anlagen reicht, wie gezeigt, nicht aus, um ein Industrieland verlässlich mit Energie zu versorgen, abgesehen von den bereits diskutierten Nebeneffekten. Kernenergie ist eine emissionsarme

Alternative, die verlässlich günstigen Strom produziert.[15]

Doch es gibt weitere Alternativen, Aufforstung zum Beispiel. Die „Trillion Tree Campaign" der gemeinnützigen Organisation Plant for the Planet und dem Umweltprogramm der Vereinten Nationen (UNEP) will, um der Erderwärmung angemessen zu begegnen, eine Billion Bäume pflanzen.[16] Auch das kann eine Antwort auf den Klimawandel sein, wenn man es ernst damit meint. Zweifellos erscheint dieser Ansatz auf den ersten Blick überraschend oder zumindest als Ansatz ungewohnt, doch auf der Erde können problemlos eine Billion Bäume gepflanzt werden, ohne dafür Ackerflächen oder Städte zu beeinträchtigen. Wälder zu rekultivieren statt weltweit Landschaft millionenfach mit Windkraftanlagen zu bebauen und zu versiegeln, ist eine echte ökologische und ökonomische Alternative.[17]

Natürlich liegt auch bei diesem Ansatz die Herausforderung im Detail. Wieviel Kohlendioxid ein einzelner Baum konkret aufnehmen kann, ist von verschiedenen Faktoren abhängig, insbesondere von der jeweiligen Holzmasse und Dichte, also der Baumart. Auch das Alter der Bäume spielt eine Rolle, denn junge Bäume legen in den ersten Jahren nach Pflanzung eher geringe Biomassevorräte an. Erst mit zunehmendem Alter wird vermehrt Kohlendioxid gebunden. Wenig überraschend spielt zudem die geografische Lage eine Rolle. Tropische Wälder wachsen deutlich schneller als beispielsweise Wälder in Deutschland. Entsprechend mehr Kohlendioxid wird im gleichen Zeitraum von tropischen Bäumen aufgenommen und gespeichert.[18]

Doch gemein ist allen Bäumen auf der ganzen Welt eines: Sie wirken als Treibhausgassenke, da sie der Atmosphäre das Kohlenstoffdioxid entziehen.

Einer Studie der ETH Zürich zufolge wäre die weltweite Aufforstung von Wäldern auf einer Fläche von 0,9 Milliarden Hektar relativ problemlos möglich. Fläche gäbe es also genug, und Aufforstung gilt als äußerst wirksames Mittel, um die Kohlenstoffdioxidkonzentration in der Atmosphäre erkennbar zu senken. Bäume binden für den eigenen Biomasseaufbau via Photosynthese den in Kohlenstoffdioxid enthaltenen Kohlenstoff und setzen den Sauerstoff wieder frei.[19] Konkret: Die Kohlenstoffdioxidaufnahme einer durchschnittlichen in Mitteleuropa normal gewachsenen Buche mit mittlerer Lebenszeit von 80 Jahren bindet pro Jahr 12,5 Kilo des Treibhausgases Kohlenstoffdioxid, was, über die Lebensspanne des Baumes betrachtet, etwa eine Tonne Kohlenstoffdioxid ergibt. Oder anders formuliert, es bedarf 80 dieser Bäume, um der Atmosphäre jährlich eine Tonne Kohlendioxid zu entziehen.[20]

Eine Milliarde Bäume zu pflanzen, bedeutet eine enorme globale Kraftanstrengung, keine Frage. Und sicherlich gibt es auch negative Nebeneffekte wie zum Beispiel den möglichen Anstieg der Nahrungsmittelpreise, wenn doch landwirtschaftliche Flächen für Aufforstung herangezogen werden. Außerdem ist es gleichermaßen wichtig, alte Bäume zu erhalten. Insofern ist es auch nur folgerichtig, wenn die Staatengemeinschaft den jährlichen Waldverlust in den Tropen so gering als möglich halten will und sich dies auch etwas kosten lässt.[21] Unabhängig davon haben Länder wie China, Russland oder die USA bereits erkannt, dass das Pflanzen von Bäumen als eine ernsthafte klimapolitische Antwort gesehen werden kann, statt wie die Deutschen blind nur auf eine Technik zu setzen und ansonsten sehr mit dem Instrument des Verbots (fossile Kraftwerkstechnik, Verbrennungsmotor) zu arbeiten.[22]

Die Kosten einer Baumpflanzung variieren angesichts der unterschiedlichen Rahmenbedingungen recht stark. Für einen in Deutschland gepflanzten Baum werden Anfang 2021 beispielsweise von dem gemeinnützigen Verein PRIMAKLIMA 5 EUR pro Baum (für das Projekt in Nicaragua 3 EUR pro Baum) aufgerufen.[23] Übertragen auf die Idee, eine Billion Bäume zu pflanzen, würde sich der Aufwand für dieses Projekt auf 5.000 Milliarden, also 5 Billionen EUR türmen (legt man die 5 EUR pro Baum zugrunde). Allein die deutsche Energiewende hat je nach Rechnung einen mittleren dreistelligen Milliardenbetrag verschlungen, erzielt dabei aber vermutlich keine so durchschlagende Emissionsreduktion, wie das mit gleichem Aufwand gepflanzter Bäume möglich wäre.[24]

Die marktwirtschaftliche Öffnung für das bereits als umweltpolitisches Instrument vorgestellte Minimieren von Umweltschäden durch verursachungsgerechte Kostenbelastung gilt als ein weiterer Lösungsvorschlag. Den Kohlenstoffdioxidausstoß beim Eintritt in den nationalen Wirtschaftskreislauf, also unabhängig davon, ob Produktion im Inland oder Import aus dem Ausland, mit Kosten zu belasten, ist dabei der Grundgedanke. Diese Kostenbelastung wiederum lässt sich auf zwei

Wegen erreichen, entweder indem die Menge begrenzt und Emissionsrechte versteigert werden (so bildet es auch der gegenwärtige Emissionshandel ab) oder über die Einführung einer Kohlenstoffdioxidsteuer, die Anreize zur Emissionsverringerung schafft. Bei der Mengenbegrenzung ergibt sich die Belastung indirekt über den daraus folgenden Preis für die Emissionsrechte. Die Preise bilden sich am Markt und das gefundene Preisniveau lässt sich nur eingeschränkt beeinflussen. Demgegenüber ist eine Steuer immer das Ergebnis eines politischen Prozesses und damit auch ein Stück weit willkürlich.

Außerdem muss zumindest mit Blick auf einzelne Industrien ein neuer Kapitalstock mit neuen Gütern aufgebaut werden, der teilweise noch größer sein muss als der alte, da die kohlenstoffdioxidfreie Produktion zumindest auf dem jetzigen Stand der Technik mehr Kapital bindet als die Produktionsfaktoren zuvor. Ein gutes Beispiel dafür ist Energieproduktion mit Sonnen- und Windkraft, denn diese bedarf zur Absicherung der Versorgungsicherheit zusätzlich konventioneller Kraftwerkskapazitäten. In Summe muss sich eine Gesellschaft diesen Weg leisten können und wollen.

Wie weit man mit diesem Gedanken gehen kann, zeigen die bereits angesprochenen „fridays for future"-Demonstranten in Deutschland, eine politisch durchaus ernstzunehmende Jugendbewegung, die im Jahr 2019 eine Abgabe in Höhe von 180 EUR für die Emission einer Tonne Kohlenstoffdioxid (und anderer Treibhausgase) forderte. Und im Jahr 2021 war es dann so weit, Kohlenstoffdioxidemissionen fossiler Brennstoffe erhielten in Deutschland einen

Preis. Unternehmen, die Erdölprodukte, Erdgas oder Kohle als Brennstoffe auf den Markt anbieten, müssen nun Emissionsrechte beziehungsweise Zertifikate erwerben. Startpunkt 2021 ist ein Zertifikatepreis von 25 Euro pro Tonne Kohlenstoffdioxidemission. Dieser erhöht sich aber bis zum Jahr 2025 schrittweise auf 55 Euro.[25]

Diese Kosten werden die Unternehmen an ihre Kunden so gut als möglich weitergeben oder aber (teilweise) selbst tragen und damit in Form des geschmälerten Gewinns auch die eigene Zukunftsfähigkeit belasten. Mithin erhöhen Abgaben dieser Art zwar direkt den Preis für einzelne, als klimaschädlich qualifizierte Verhaltensweisen wie Autofahren durch teureres Benzin, sondern treiben die Preise direkt oder indirekt letztlich in allen Lebensbereichen. Die Beeinflussung der freien Preisfindung durch eine Abgabe impliziert aber auch eine notwendige Veränderung der Konsumgewohnheiten, durch die Verteuerung vor allem aber auch eine Einschränkung der verfügbaren Kaufkraft. Aus der Etablierung der Kohlenstoffdioxidabgabe resultiert für die Deutschen gesamtgesellschaftlich also letztlich Konsumverzicht und damit Wohlfahrtsverlust.

Wie substanziell diese Belastung ist, zeigt eine vereinfachte Überlegung: Laut deutschem Umweltbundesamt verursachte ein Deutscher im Jahr 2018 im Schnitt Treibhausgase von 10,4 Tonnen.[26] Bei den für das Jahr 2021 beschlossenen 25 EUR Belastung wird dies zu insgesamt 260 EUR führen, die jeder Bürger in Deutschland im Jahr theoretisch zusätzlich zu tragen hat und die natürlich im Haushaltsbudget fehlen. Ab 2025 summiert sich dieser

Betrag bereits auf 572 (55 EUR/Tonne) und kämen die geforderten 180 EUR je Tonne zustande, müsste jeder Deutscher im Durchschnitt sogar 1.872 EUR im Jahr zahlen. Natürlich trifft dies nicht auf jeden Bürger gleichermaßen zu. Ganz abhängig von verschiedenen Faktoren wie Reise- und Konsumverhalten, aber zum Beispiel beeinflusst auch die Art der Heizung im Keller die tatsächliche Belastung durchaus unterschiedlich.

Die Tendenz ist jedoch in jedem Fall klar, die Abgabe verteuert das Leben. Grundsätzlich ist das von den Initiatoren auch gewünscht, denn verteuert sich das Produkt, sinkt in der Regel auch der Verbrauch. Offen bleibt allerdings die soziale Frage: Während Vermögende die Zusatzlast leicht stemmen, sind für Geringverdiener höhere Lebensmittelpreise mit Einschnitten verbunden. Offen bleibt darüber hinaus, inwieweit die intendierte Lenkungswirkung hin zu umweltfreundlicheren Energieformen und Produkten davon tatsächlich auch ausgelöst wird. Und offen ist schließlich auch, ob die in der Theorie als eines der effektivsten Instrumente für den Klimaschutz erachtete sektorenübergreifende, weltweite Kohlenstoffdioxidbepreisung tatsächlich auch international mehrheitsfähig ist.[27]

V

Schlussbetrachtung

Die politisch-mediale Bedeutung, die die zu diesem Zeitpunkt noch minderjährige schwedische Schüler-Aktivistin Greta Thunberg 2019 erlangt hat, wirft ein Schlaglicht auf den Umgang mit dem Thema Klimapolitik. Greta Thunberg hat der Welt gezeigt, wie man medienwirksam für eine strenge Klimapolitik und gegen den zerstörerischen Klimawandel protestiert, ohne dabei Widerspruch zu erfahren. Aber Erderwärmung verhindern zu wollen, ist keine rationale Antwort auf die realen Herausforderungen einer vernünftigen Klimapolitik. Die westliche Welt scheint davor zurückzuscheuen, hierzu eine ideologiefreie Diskussion zu führen. Etwas zu ändern, setzt voraus, Fakten und Zusammenhänge vorurteilsfrei anzusehen und erst dann zu definieren, was gute Klimapolitik eigentlich ausmacht, und auch erst dann ein Urteil über die verschiedenen klimapolitischen Instrumente zu fällen, die zur Wahl stehen.

Es zeichnet sich immer deutlicher ab, dass die avisierte Umstellung der Energiewirtschaft auf sogenannte erneuerbare Energien sowohl wirtschaftlich als auch technisch mehr als nur eine enorme Herausforderung ist. Im Augenblick dokumentiert sich dieser Weg in steigenden Stromkosten – abnehmende Versorgungssicherheit steht zu befürchten. Obwohl die Menschheit die Risiken der Kernenergie belastbar und sehr effizient abschirmen kann, hat sich eine Industrienation wie Deutschland zum vollständigen Ausstieg aus dieser emissionsarmen und kostengünstigen Technologie zur Stromerzeugung entschieden. Und auch auf den Ausstieg aus den verbleibenden klassischen fossilen Energieträgern zur großindustriellen Energieerzeugung (abgesehen von Holz) hat sich Deutschland bereits verständigt.[1]

Obwohl schon längst klar ist, dass die deutsche Idee „Energiewende" mit der vollständigen Dekarbonisierung als Ziel, technisch und wirtschaftlich extrem herausfordernd, auf jetzigem Stand der Technik sogar unrealistisch ist, werden die energiepolitischen Zielsetzungen immer höher geschraubt. Ganz abgesehen davon, dass die hier investierten finanziellen Mittel der deutschen Volkswirtschaft an anderer Stelle fehlen werden, offenbart das politische Generalziel der Deutschen, Treibhausgasneutralität[2] zu erreichen, eine massive Kapazitätslücke. Und es erhebt sich die ganz praktische Frage, wer beziehungsweise was den Strombedarf der Deutschen künftig, spätestens in der Dunkelflaute voll decken soll?

Weitgehend sicher scheint, dass Solar- und Windenergietechnologie keinen vollständigen Ersatz dafür werden bieten können, den von einer modernen Industrienation benötigten Strom zuverlässig und vollumfänglich permanent bereitzustellen. Die größte Gefahr besteht mithin darin, für die vom Netz genommene Kraftwerksleistung nicht rechtzeitig ausreichend adäquaten Ersatz bereitstellen zu können. Kraftwerke sind komplexe Großprojekte, deren Realisierung in der Regel mehr als zehn Jahre in Anspruch nimmt. Doch gegenüber der deutschen Bevölkerung wird das hehre Ziel vorgetragen, mit der „Energiewende" einen signifikanten Beitrag zur Verringerung der Kohlenstoffdioxidemissionen zu erzielen. Verschwiegen wird dabei, dass die deutsche Energieversorgung weltweit damit auch die teuerste werden wird und möglicherweise nicht leisten kann, was sie sollte.

An dieser Stelle gilt es, dringend zur kühlen Chancen-/Risikoabwägung zurückzufinden und ideologische Scheuklappen bei der fairen Evaluation der bereits vollzogenen Maßnahmen abzulegen. Einfluss auf das globale Phänomen Klima ausüben zu wollen, ist für eine einzelne Nation schlicht utopisch und verstellt den Blick für das national leistbare. Klimapolitisches Engagement muss vielmehr dort ansetzen, wo die sogenannten Grenzvermeidungskosten am geringsten sind, damit die vorhandenen Mittel effizient genutzt werden. Nutzenstiftende Klimaschutzpolitik macht nicht an Landesgrenzen halt. Kompensation für den Fortbestand des tropischen Regenwalds auf nationalem Boden an diejenigen zu leisten, die diesen als Einkommensquelle nutzen (müssen), oder große Waldgebiete in sonst verödeten Landschaften wieder aufzuforsten, sind nur zwei Beispiele dafür.

Die klimapolitische Vorbildfunktion beschränkt sich also nicht darauf, die Verpflichtungen aus getroffenen Klimaabkommen einzuhalten. Nachahmer werden sich überhaupt nur dann finden, wenn die zu treffenden Maßnahmen sinnhaft erscheinen und die Umsetzung kosteneffizient geschehen kann. Es liegt auf der Hand, dass die Strahlkraft der Vorbildwirkung stark von der Höhe der damit einhergehenden nationalen Wohlstandseinbuße verbunden ist. Hohe Strompreise jedenfalls werden kaum zur Nachahmung anreizen. Und es ist aussichtslos zu glauben, dass der Übergang in eine reine dekarbonisierte Wirtschaft ganz ohne unerwünschte und sehr nachteilige ökonomische und/oder gesellschaftliche Nebeneffekte zu haben ist.

Die kumulativen systemischen Mehrkosten für die Energiewende bis 2050 liegen je nach Schätzungen des deutschen Ifo-Instituts in Abhängigkeit von den zugrunde gelegten Randbedingungen zwischen 500 Milliarden EUR und mehr als 3.000 Milliarden EUR. Das entspricht pro Jahr im Durchschnitt 0,4 bis 2,5 Prozent des deutschen Bruttoinlandsprodukts aus dem Jahr 2018.[3] Letztlich werden die Verbraucher und/oder Steuerzahler diese Kosten tragen müssen. Erstaunlicherweise bleibt unter den Deutschen eine Diskussion über die sozialen Konsequenzen und wirtschaftlichen Folgen der aktuellen Energiepolitik bisher weitgehend aus.

Allein in Deutschland werden jährlich etwa 300.000 (2019: 289.000) Haushalte mit einer Stromsperre belegt (im Jahr 2020 wurde aufgrund der ausgerufenen Corona-Krise auf Stromsperren teilweise verzichtet). Eine Sperrandrohung hatten in 2019 rund 4,75 Millionen Haushalte erhalten.[4] Offenkundig sind einige Verbraucher nicht mehr in der Lage, ihre Energiekosten zu bezahlen, was natürlich nicht ausschließlich nur mit der Höhe der Stromkosten zu tun hat. Bedenkt man allerdings außerdem, dass Deutschland erst am Beginn seines Wegs zur Treibhausgasneutralität steht, wird der erhebliche Handlungsbedarf deutlich.

Für die mittel- und langfristige Akzeptanz klimapolitischer Maßnahmen kommt es also entscheidend darauf an, die richtigen Rahmenbedingungen zu setzen, um das erfolgreiche marktwirtschaftliche System im Sinne einer klimaschonenden Energieversorgung zu nutzen. Eingriffe in Form von Vorschriften, Verboten und Subventionen sind langfristig eher kontraproduktiv, da Ressourcen durch Ineffizienz in der Mittelverwendung verschwendet werden und damit ein Wohlstandsverlust für die gesamte Volkswirtschaft die Folge ist. Hierzu gehören im Übrigen auch die Vorschläge zu einem „klimagerechten" Lebenswandel, die sich auf Fleischverzehr, Flugreisen oder Konsumverhalten beziehen. Politik, die trotzdem an solchen Instrumenten festhält, sollte das nicht im Namen des Klimaschutzes tun, denn letztlich fördert diese Form der Klimapolitik eher den Widerstand gegen das eigentliche Anliegen der Emissionsreduktion.

Klimapolitik, die als volkswirtschaftlich verzerrender Eingriff in Form von Subventionen und Regulierung auf Veränderung setzt, löst damit auch ökonomisch den Anreiz aus, den politischen Prozess für Eigeninteressen zu nutzen. Und so entsteht die Gefahr, dass im Namen der Klimapolitik Entscheidungen getroffen werden, die zu Lasten des Gemeinwohls gehen. Es wäre für die Deutschen zumindest eine gesellschaftliche Debatte wert, ob es tatsächlich eine klimapolitisch angemessene und verhältnismäßige Maßnahme ist, Elektroautos zu subventionieren und Ölheizungen zu verbieten.

Ebenfalls eine wichtige Frage von gesellschaftlicher Relevanz ist, wer die Früchte der in Deutschland hochsubventionierten Technologien erntet. Beispiel Solarwirtschaft. Angesichts der gigantischen Milliardenbeträge, die Deutschland zur Anschubfinanzierung der Solartechnologie seinen Bürgern abverlangt hat, stellt sich die Frage nach der volkswirtschaftlichen Rendite dieser gesellschaftlichen Investition. Stand heute hat sich Deutschland von einem wichtigen Standort mit hoher Wertschöpfungstiefe der weltweiten Solarindustrie hin zum Absatzmarkt mit geringem Wertschöpfungsanteil entwickelt. Aber ist es wirklich im Interesse eines Landes, die Marktgängigkeit einer Technologie zu subventionieren, während deren Wertschöpfung und vor allem die damit verbundenen Arbeitsplätze dann in einem anderen Land stattfindet?

Je bedeutender die wirtschaftlichen Interessen der im Namen des Klimawandels initiierten Maßnahmen, desto höher die Notwendigkeit der regelmäßigen Kontrolle von Angemessenheit und Wirksamkeit derselben. Die Überzeugung, einem kaum greifbaren Klimawandel schnell und konsequent begegnen zu müssen, wird sich unter den Menschen auf Dauer nur dann verfangen, wenn die getroffenen Maßnahmen auch überzeugend sind. Hinzu kommt die profane Erkenntnis, dass, sobald die eigene Wohlfahrt betroffen ist, sich schnell die Begeisterung verliert. Lackmustest dafür ist die regelmäßig via Stromrechnung präsentierte Kostennote für die klimapolitischen Initiativen.

Umweltaktivisten werfen den Regierungen dieser Welt in Sachen Klimaschutz oftmals Tatenlosigkeit vor, doch angesichts der vielen Milliarden, die auf der ganzen Welt in die Klimapolitik geflossen sind, ist das Prädikat Tatenlosigkeit in Sachen Klimaschutz unzutreffend. Kritikwürdig ist vielmehr, wenn die angesprochene Kontrolle von Angemessenheit und Wirksamkeit der klimapolitischen Entscheidungen den staatlich-hoheitlichen Einflussbereich verlässt. Zumindest aus Sicht des Autors ist es im Sinne gesellschaftlicher Akzeptanz problematisch, wenn die Einhaltung von umweltpolitisch gesetzten Grenzwerten wie die maximal zulässige Rußpartikelbelastung in deutschen Innenstädten von einer privaten Organisation eingeklagt werden muss. Vernünftige Klimapolitik bedeutet deshalb auch, das Wünschenswerte mit dem Machbaren in Überdeckung zu bringen, um extreme Kosten zu vermeiden und die Wirksamkeit der Maßnahmen auch zu gewährleisten.

Eine verantwortungsvolle Klimapolitik hat als Ausgangspunkt zwei grundsätzliche Handlungsalternativen: Entweder sich auf das primäre Ziel wie den Kampf gegen die Erderwärmung zu fokussieren oder aber Maßnahmen zu ergreifen, die der Anpassung an die höheren Temperaturen dienen. Deshalb sind Begrifflichkeiten wie Klimarettung auch irreführend, da es sich eben gerade nicht um eine Alles-oder-nichts-Entscheidung zwischen Untätigkeit und

Rettung der Menschheit handelt. Nachhaltige Klimapolitik kann nie allein naturwissenschaftlich begründet sein, sondern muss stets in der Bewertung verschiedener Alternativen begründet sein. Andernfalls ist jede Entscheidung für eine Vermeidungsmaßnahme immer auch eine Entscheidung gegen eine Anpassungsmaßnahme und umgekehrt. Eine klug gewählte Klimapolitik folgt deshalb immer dem ökonomischen Prinzip, denn für die Einsparung der Treibhausgase gilt es, Ressourcen einzusetzen, die knapp sind und zudem danach für eine alternative Verwendung nicht mehr zur Verfügung stehen.

Deshalb sollte Klimapolitik eigentlich darauf aus sein, die eingesparte Menge an Kohlenstoffdioxid je eingesetzter Ressourceneinheit maximal zu halten oder die Kosten je vermiedener Tonne Kohlenstoffdioxid minimal. Alles andere ist Ressourcenverschwendung und letztlich zum Schaden aller, denn es hätte mit gleichem Einsatz viel mehr erreicht werden können. Tatsächlich gibt es eine ganze Bandbreite an Instrumenten, um klimapolitisch zu reagieren. Jedes gesteckte Temperaturziel bedarf deshalb auch einer eigenen Kombination aus Vermeidung von Kohlenstoffdioxid und Anpassung. Die daraus resultierenden Kostenpositionen müssen wiederum einander gegenübergestellt, abgewogen und das Optimum gefunden werden.

Die bisherigen, teilweise enormen Anstrengungen der Europäer und insbesondere der Deutschen beim Auf- und Ausbau der erneuerbaren Energien haben in den vergangenen Jahren zu keinem erkennbaren Rückgang der eigentlich avisierten Kohlenstoffdioxidemission geführt. Die

Fortsetzung der aktuellen Energiepolitik mit mehr vom Gleichen ist unzureichend, um die teilweise sehr ambitionierten energiepolitischen Zielsetzungen der Europäer zu erreichen. Ein auf reinen Zuwachszahlen beruhender Zweckoptimismus führt zu Fehlinvestitionen und ändert nichts an den bestehenden ökonomischen und physikalischen Realitäten. Entsprechend gilt es, vor allem ergebnis- und technologieoffen zu bleiben, aber auch gänzlich andere konsensfähige Alternativen ernsthaft zu erwägen und eine breite gesellschaftliche Debatte darüber zu führen.

VI

Fußnoten- und Literaturverzeichnis

Vorwort

[1] Vgl. Die Bundesregierung. Durchbruch beim Klimaschutz. Stand: 07. Juni 2007. http://www.g-8.de/Content/EN/Artikel/_g8-summit/2007-06-07-g8-klimaschutz_en.html; (Zugriff: 04.01.2021).

[2] Vgl. Bundesministerium für Umwelt, Naturschutz und nukleare Sicherheit (BMU). Die Klimakonferenz in Paris. Stand: 05. September 2017. https://www.bmu.de/en/topics/climate-energy/climate/international-climate-policy/paris-agreement/; (Zugriff: 04.01.2021).

[3] Der deutsche Ökonom Hans-Werner Sinn vertritt die These, dass ohne angemessene Berücksichtigung der Angebotsseite eine verschärfte Umweltpolitik mittelbar Ressourcenförderung und -verbrauch – und folglich den Ausstoß klimaschädlicher Gase – sogar beschleunigen kann. Vgl. Hans-Werner Sinn. In: Ifo Working Paper No.54. Das grüne Paradoxon: Warum man das Angebot bei der Klimapolitik nicht vergessen darf. Stand: Januar 2008. https://www.ifo.de/DocDL/IfoWorkingPaper-54.pdf; (Zugriff: 04.01.2021).

[4] Vgl. Hans-Werner Sinn. In: Ifo Working Paper No.54. Das grüne Paradoxon: Warum man das Angebot bei der Klimapolitik nicht vergessen darf. Stand: Januar 2008. https://www.ifo.de/DocDL/IfoWorkingPaper-54.pdf; (Zugriff: 04.01.2021).

[5] Vgl. Karoline Steinbacher. Exporting the Energiewende: German Renewable Energy Leadership and Policy Transfer (Energiepolitik und Klimaschutz. Energy Policy and Climate Protection). Stand: 19. Juni 2018. Herausgeber: ⊠Springer VS; 1st ed. 2019 Edition

[6] Ganz abgesehen davon, dass eine einzelne Nation wie beispielsweise die Deutschen kaum bis keinen Einfluss auf das Klima der Welt haben, ist der in diesem Zusammenhang häufig verwendete Begriff „Klimarettung" auch semantisch inkorrekt, da das aus der Meteorologie stammende Wort Klima schlicht die Langzeitstatistik des Wetters ist, mithin also weder gerettet werden kann noch gerettet werden muss.

[7] Vgl. Bundesverfassungsgericht. Verfassungsbeschwerden gegen das Klimaschutzgesetz teilweise erfolgreich. Pressemitteilung Nr. 31/2021. Stand: 29. April 2021. https://www.bundesverfassungsgericht.de/SharedDocs/Pressemitteilungen/DE/2021/bvg21-031.html; i.V.m. Peter Rásonyi. Neue Zürcher Zeitung. Deutschlands Klimaschutz wird zum Diktat der Verfassungsrichter. Stand: 29. April 2021 https://www.nzz.ch/meinung/bundesverfassungsgericht-klima-

schutz-wird-zum-diktat-der-richter-ld.1614612; (Zugriff: 19.07.2021).

[8] Vgl. Bundesministerium für Umwelt, Naturschutz und nukleare Sicherheit. Erneuerbare-Energien-Gesetz tritt in Kraft. Bundesumweltminister Trittin: Wirksamer Klimaschutz und Innovationsmotor für die Wirtschaft. Stand: 30. Juli 2004. https://www.bmu.de/pressemitteilung/erneuerbare-energien-gesetz-tritt-in-kraft/; (Zugriff: 09.01.2021).

[9] Der sogenannte European „Green Deal" ist ein von der Europäischen Kommission im Jahr 2019 vorgestelltes Konzept, mit dem Ziel, bis ins Jahr 2050 innerhalb der Europäischen Union die Netto-Emissionen von Treibhausgasen auf null zu reduzieren und so als Kontinent klimaneutral zu werden. Vgl. Europäischen Union. Europäischer Grüner Deal: Erster klimaneutraler Kontinent werden. Stand: 06. Januar 2021. https://ec.europa.eu/info/strategy/priorities-2019-2024/european-green-deal_en; (Zugang: 06.01.2021).

[10] Vgl. Christina Vogler, ORF.at. Klimaneutral bis 2050: Das kostet der „Green Deal". Stand: 14. Januar 2020. https://orf.at/stories/3150828/; (Zugriff: 23.07.2021).

[11] Vgl. Manuel Frondel und Stephan Sommer, RWI Leibniz-Institut für Wirtschaftsforschung und Ruhr-Universität Bochum. Der Preis der Energiewende: Anstieg der Kostenbelastung einkommensschwacher Haushalte. Stand: Dezember 2018. https://www.arbeit-umwelt.de/wp-content/uploads/181130_ig_publikationen_frondel_web.pdf; i.V.m. Dr. Dietmar Bartsch, MdB. Ein gutes Leben muss wieder bezahlbar werden. Stand: 03. September 2021. https://www.dietmar-bartsch.de/2021/09/03/dreimal-oelsardine-ist-unzumutbar/; (Zugriff: 04.09.2021).

[12] Ein Grund für das Auseinanderklaffen zwischen Leistung (installierte Kapazität) und Arbeit bei erneuerbaren Energien wie Windkraft oder Photovoltaik liegt im Phänomen der sogenannten Dunkelflaute, also Stunden oder Tage, an denen weder die Sonne scheint noch der Wind weht. Da Strom derzeit weder langfristig noch ohne Effizienzverluste gespeichert werden kann, kann bei viel Sonne und kräftigen Wind kein später nutzbarer Vorrat angelegt werden. Versorgungssicherheit lässt sich unter diesen Umständen nur dann gewährleisten, sofern die installierte Leistung an erneuerbaren Energien groß sowie geografisch und technisch ausreichend diversifiziert ist, um Dunkelflauten zu kompensieren. Alternativ konnte man natürlich auch den Stromverbrauch reduzieren oder aber Backup-Kapazität an fossiler Kraftwerksleistung in gleicher Höhe vorhalten.

[13] Was bedeutet das ganz praktisch? Das Potenzial einer Photovoltaikanlage hängt grundsätzlich von verschiedenen Faktoren, wie beispielsweise Sonneneinstrahlung, Wirkungsgrad, regionaler Standort, Ausrichtung (Himmelsrichtung) und Aufstellungs-Neigungswinkel ab. Dennoch lässt sich als Faustformel sagen, dass eine in Deutschland installierte Photovoltaikanlage über das Jahr gemittelt pro Quadratmeter eine durchschnittliche Jahresernte von 150 Kilowattstunden solarer Energie generiert. Demgegenüber beläuft sich die Leistungsaufnahme

an Strom eines herkömmlichen Haarföns auf 1000 bis maximal 2000 Watt. Angenommen ein 1000-Watt-Fön wird jeden Tag für 15 Minuten in Anspruch genommen, dann entsteht allein daraus im Jahr ein Strombedarf von rund 91 Kilowattstunden. Nicht jeder Mensch wohnt im eigenen Haus. Nicht jedes Haus verfügt über ein Photovoltaikanlage. Vgl. Prof. Dr. Dr. h.c. Dirk Dubbers, Prof. Dr. Johanna Stachel, Prof. Dr. Ulrich Uwer; Physikalisches Institut der Universität Heidelberg. Energiewende – ein Kommentar aus der Physik. Stand: 14. Juli 2021. https://www.physi.uni-heidelberg.de/~dubbers/energiewende/text.pdf; (Zugriff: 20.07.2021).

I

Energiepolitik: der energierechtliche Rahmen

[1] Die Idee zur Strukturierung dieses Kapitels sowie die inhaltliche Schwerpunktsetzung ist übernommen aus: Prof. Dr. Andreas Seeliger. Energiepolitik, Einführung in die volkswirtschaftlichen Grundlagen. Stand: 2018. Verlag Franz Vahlen, München.

[2] Als externen Effekte werden die Konsequenzen ökonomischer Entscheidungen Dritter auf Unbeteiligte bezeichnet, deren Kosten vom Verursacher NICHT getragen werden (können).

[3] Erfasst ist dieses Zieldreieck im § 1 des deutschen Energiewirtschaftsgesetz.

[4] Vgl. Bundesministerium für Wirtschaft und Energie. Die Energie der Zukunft: Erster Fortschrittsbericht zur Energiewende. Stand: Dezember 2014. https://www.bmwi.de/Redaktion/DE/Publikationen/Energie/fortschrittsbericht-kurzfassung.pdf?__blob=publicationFile&v=12; (Zugriff: 11.01.2021).

[5] Bundesministerium für Wirtschaft und Energie. Die Energie der Zukunft: Erster Fortschrittsbericht zur Energiewende. Stand: Dezember 2014. Seite 4. https://www.bmwi.de/Redaktion/DE/Publikationen/Energie/fortschrittsbericht-kurzfassung.pdf?__blob=publicationFile&v=12; (Zugriff: 11.01.2021).

[6] Bundesministerium für Wirtschaft und Energie. Die Energie der Zukunft: Erster Fortschrittsbericht zur Energiewende. Stand: Dezember 2014. Seite 6. https://www.bmwi.de/Redaktion/DE/Publikationen/Energie/fortschrittsbericht-kurzfassung.pdf?__blob=publicationFile&v=12; (Zugriff: 11.01.2021).

[7] Quantitative Ausbauziele berühren auch eine Reihe gesellschaftlicher Aspekte, beispielsweise: Wie viele Verspargelung durch Windräder verträgt das Landschaftsbild? Ab welcher Anzahl an Windrädern pro Quadratkilometer überwiegen die Nachteile für Flora und Fauna? Wie viele Windräder darf ein urban lebender Bürger, der von Windrädern unbehelligt bleibt, dem ländlich wohnenden Bürger zumuten?

[8] „Unkonventionelle Fracking-Vorhaben aus kommerziellem Interesse sind in Deutschland bis auf weiteres nicht zulässig. Das heißt, es gilt ein Verbot für unkonventionelles Fracking im Schiefer-, Mergel-, Ton- und Kohleflözgestein."

Bundesministerium für Umwelt, Naturschutz und nukleare Sicherheit (BMU). Fracking. Stand: 17. April 2018. https://www.umweltbundesamt.de/themen/wasser/gewaesser/grundwasser/nutzung-belastungen/fracking; (Zugriff: 25.07.2021).

[9] Beispielhaft dafür steht das Projekt „Solarvalley" in Thalheim und hier wiederum ganz besonders das bereits einmal insolvente Photovoltaikunternehmen Q Cells. Gemessen an den geleisteten Subventionen in Bezug auf die geschaffenen Arbeitsplätze und der Stärkung des Wirtschaftsstandorts (den eigentlichen Zielen der Subventionen) war dies – entgegen der Selbstdarstellung – kein ökonomischer Erfolg. Vgl. Landtag von Sachsen-Anhalt. Antwort der Landesregierung auf eine kleine Anfrage zur schriftlichen Beantwortung. Stand: 12. April 2021. https://www.landtag.sachsen-anhalt.de/fileadmin/files/drs/wp7/drs/d7527aak.pdf; (Zugang: 25.07.2021).

[10] Vgl. Manfred Wondrak. Anti-Bias. https://www.anti-bias.eu/anti-bias/nudges/nudging-definition/; (Zugriff: 12.01.2021).

[11] Vgl. Daniel Wetzel. In: Welt Wirtschaft. Warum der Rückkauf der Stromnetze nichts bringt. Stand: 30. Oktober 2013. https://www.welt.de/wirtschaft/article121363261/Warum-der-Rueckkauf-der-Stromnetze-nichts-bringt.html; (Zugriff: 17.01.2021).

[12] Vertikal integrierte Energieversorger nehmen im Elektrizitätsbereich die Funktionen Übertragung oder Verteilung UND mindestens eine weitere Funktion (Erzeugung oder Vertrieb) gleichzeitig wahr.

[13] Vgl. Verband der Automobilindustrie. CO_2-Regulierung bei Pkw und leichten Nutzfahrzeugen. Stand: 17. Januar 2021. https://www.vda.de/en/topics/environment-and-climate/co2-regulation-for-passenger-cars-and-light-commercial-vehicles/co2-regulation-of-passenger-cars-and-light-commercial-vehicles-in-europe; (Zugriff: 17.01.2021).

[14] Vgl. Vanja Budde. Deutschlandradio. Bangen und Zuversicht in der Lausitz. Stand: 18. April 2019. https://www.deutschlandfunk.de/ende-der-braunkohle-bangen-und-zuversicht-in-der-lausitz.862.de.html?dram:article_id=446529; (Zugriff: 19.01.2021).

[15] Im Rahmen der ökonomischen Betrachtung gehört die Lebensdauer eines Kraftwerks zu den zentralen Schlüsselgrößen. In Deutschland wird beispielsweise für Braun- und Steinkohlekraftwerke im Rahmen des sogenannten Netzentwicklungsplans eine Lebensdauer in einer Bandbreite von 40 bis 50 Jahren angenommen. Vgl. Peter Markewitz. Institut für Energie- und Klimaforschung, Systemforschung und Technologische Entwicklung. Lebensdaueranalyse fossil gefeuerter Kraftwerke. https://www.fz-juelich.de/SharedDocs/Downloads/IEK/IEK-STE/DE/Publikationen/preprints/2016/preprint_17_2016.pdf?__blob=publicationFile; (Zugriff: 19.01.2021).

[16] In der deutschen Energiepolitik gilt die Etablierung des sogenannten Einspeisevorrangs als Marktverzerrungen auslösender energiepolitischer Eingriff: „Der Einspeisevorrang bezeichnet die durch das deutsche sogenannte Erneuerbare-Energien-Gesetz vorgeschriebene bevorrechtigte Einspeisung erneuerbarer Energien. Das heißt, bevor Strom aus konventionellen Energien ins Netz eingespeist wird, kommt Ökostrom zum Zug." Die Bundesregierung. Einspeisevor-

rang. https://www.bundesregierung.de/breg-de/themen/energiewende/einspeise-vorrang-614658; (Zugriff: 19.01.2021.)

[17] Vgl. Umweltbundesamt. Ihre CO2-Bilanz im Blick. https://uba.co2-rechner.de/en_GB/; (Zugriff: 21.01.2021).

[18] Vgl. Germanwatch. Der Fall Huaraz. https://germanwatch.org/de/der-fall-huaraz; (Zugriff: 09.06.2021).

[19] de.wikipedia.org. Kohlenstoffdioxid in der Erdatmosphäre. Stand: 30. Juni 2021. https://de.wikipedia.org/wiki/Kohlenstoffdioxid_in_der_Erdatmosph%C3%A4re; (Zugriff: 28.07.2021).

[20] ppm = parts per million: Ein ppm ist ein Prozent von einem Prozent von einem Prozent oder ein Promille von einem Promille.

[21] Scinexx. Das Wissensmagazin. Klima: CO2 braucht zehn Jahre: Treibhauseffekt greift nach einem Jahrzehnt – bleibt dann aber mindestens ein Jahrhundert. Stand: 3. Dezember 2014. https://www.scinexx.de/news/geowissen/klima-co2-braucht-zehn-jahre/; (Zugriff: 21.01.2021).

[22] Treibhausgase sind (Spuren-)Gase, die zum Treibhauseffekt (der Erde oder anderer Planeten) beitragen und sowohl natürlichen als auch anthropogenen Ursprungs sein können. Vgl. de.wikipedia.org. Treibhausgas. Stand: 27. Juni 2021. https://de.wikipedia.org/wiki/Treibhausgas; (Zugriff: 27.07.2021).

[23] Der natürliche Treibhauseffekt wird zu rund zwei Dritteln vom Wasserdampf in der Atmosphäre verursacht. In geringerem Maße tragen die als Klimagase bekannten Kohlendioxid, Distickstoffmonoxid (Lachgas; N_2O), Ozon (O_3) und Methan (CH_4) dazu bei. Greenpeace. Welche Treibhausgase verursachen den Klimawandel? CO2 & Co. Stand: April 2021. https://www.greenpeace.de/themen/klimawandel/welche-treibhausgase-verursachen-die-erderw%C3%A4rmung; (Zugriff: 28.07.2021).

[24] National Aeronautics and Space Administration. Graphic: The relentless rise of carbon dioxide. https://climate.nasa.gov/climate_resources/24/graphic-the-relentless-rise-of-carbon-dioxide/; (Zugriff: 21.01.2021).

[25] Vgl. Climate Change. Carbon Dioxide through Geologic Time. http://earthguide.ucsd.edu/virtualmuseum/climatechange2/07_1.shtml; (Zugriff: 21.01.2021).

[26] Unter der globalen Durchschnittstemperatur versteht man die über die gesamte Erdoberfläche (Land/Wasser) gemittelte Temperatur in einem bestimmten Zeitraum. Da klimatologische Messungen über längere Zeiträume nur punktuell vorliegen, lassen sich Zeitreihen der globalen Mitteltemperatur nur annähernd bestimmen. Es gibt daher verschiedene Zeitreihen für die jährlichen globalen Durchschnittstemperaturen und deren Abweichungen von einem vieljährigen Mittelwert. Deutscher Wetterdienst. Wetter- und Klimalexikon: Globale Durchschnittstemperatur. https://www.dwd.de/DE/service/lexikon/Functions/glossar.html?lv2=100932&lv3=101038; (Zugriff: 21.01.2021).

[27] Vgl. NOAA National Centers for Environmental Information. Climate at a Glance: Global Time Series. https://www.ncdc.noaa.gov/cag/global/time-series/globe/land_ocean/12/12/1880-2020; (Zugriff: 28.07.2021).

[28] Vgl. Snowballearth. When did the snowball earths occur? http://snowballearth.org/when.html; (Zugriff: 31.07.2020).

[29] Vgl. Fred F. Müller. https://www.windland.ch/wordpress/?paged=8; i.V.m. National Aeronautics and Space Administration. NASA Study: Mass Gains of Antarctic Ice Sheet Greater than Losses. Stand: 30. Oktober 2015. https://www.nasa.gov/feature/goddard/nasa-study-mass-gains-of-antarctic-ice-sheet-greater-than-losses; (Zugriff: 21.01.2021).

[30] Vgl. Prof. Dr. Andreas Seeliger. Energiepolitik, Einführung in die volkswirtschaftlichen Grundlagen. Stand: 2018. Verlag Franz Vahlen, München.

[31] Pigou-Steuern sind nach dem englischen Ökonom Arthur Cecil Pigou benannte Steuern, die nicht dem Fiskalzweck (also Geld einzunehmen) dienen, sondern vielmehr auf das gezielte Lenken von Verhalten abstellen. de.wikipedia.org. Pigou-Steuer. Stand: 22. Mai 2021. https://de.wikipedia.org/wiki/Pigou-Steuer; (Zugriff: 30.07.2021).

[32] Vgl. Deutsche IPCC-Koordinierungsstelle. Zwischenstaatlicher Ausschuss für Klimaänderungen. https://www.de-ipcc.de/119.php; (Zugriff: 25.01.2021).

[33] Deutsche IPCC-Koordinierungsstelle. KLIMAÄNDERUNG 2013/2014. Zusammenfassungen für politische Entscheidungsträger: Anhang. https://www.de-ipcc.de/media/content/AR5-SPM_Anhang.pdf; (Zugriff: 25.01.2021).

[34] Vgl. Barack Obama. Ninety-seven percent of scientists agree: #climate change is real, man-made and dangerous. Stand: 16. Mai 2013. https://twitter.com/BarackObama/status/335089477296988160; (Zugriff: 01.08.2021).

[35] Vgl. Axel Bojanowski. Die 97-Prozent-Falle. Stand: 23. September 2014. https://www.spiegel.de/wissenschaft/natur/klimawandel-97-prozent-konsens-bei-klimaforschern-in-der-kritik-a-992213.html; i.V.m. John Cook, Dana Nuccitelli, Sarah A Green, Mark Richardson, Bärbel Winkler, Rob Painting, Robert Way, Peter Jacobs, Andrew Skuce. Quantifying the consensus on anthropogenic global warming in the scientific literature. Stand: 15. Mai 2013. https://iopscience.iop.org/article/10.1088/1748-9326/8/2/024024; (Zugriff: 01.08.2021).

[36] Vgl. Axel Bojanowski. Die 97-Prozent-Falle. Stand: 23. September 2014. https://www.spiegel.de/wissenschaft/natur/klimawandel-97-prozent-konsens-bei-klimaforschern-in-der-kritik-a-992213.html; (Zugriff: 01.08.2021).

[37] Vgl. Chi Xu, Timothy A. Kohler, Timothy M. Lenton, Jens-Christian Svenning, Marten Scheffer. Future of the human climate niche. Stand: 27. Oktober 2019. https://www.pnas.org/content/pnas/117/21/11350.full.pdf; i.V.m. Bundesministerium für Bildung und Forschung. Weltklimarat: Den Klimawandel bekämpfen und für die Folgen Vorsorge betreiben. Stand: 09. August 2021. https://www.bmbf.de/bmbf/shareddocs/pressemitteilungen/de/2021/08/090821-Weltklimarat.html; (Zugriff: 09.08.2021).

[38] Vgl. Dieter Kasang. Die atmosphärische Konzentration von Kohlendioxid. https://bildungsserver.hamburg.de/treibhausgase/2052404/kohlendioxid-konzentration-artikel/; (Zugriff: 01.08.2021).

[39] Der jährliche Höhepunkt der Weltklimadiplomatie ist die Vertragsstaatenkon-

ferenz (COP: Conference of the Parties) der UN-Klimarahmenkonvention.

[40] UNFCCC – United Nations Framework Convention on Climate Change

[41] Für Schwellen- und Entwicklungsländer sind im Kyoto-Protokoll keine Reduktionsziele festgelegt. Vielmehr wurde der UN-Anpassungsfonds (UN-Adaptation Fund) durch das Kyoto-Protokoll zur Unterstützung der vom Klimawandel besonders hart betroffenen Entwicklungsländer ins Leben gerufen. Landeszentrale für politische Bildung Baden-Württemberg. Kyoto-Protokoll. Stand: April 2021. https://www.lpb-bw.de/kyoto-protokoll; (Zugriff: 01.08.2021).

[42] Nach dem CDM kann ein Industrieland sich Klimaschutzinvestitionen in einem Entwicklungsland anrechnen lassen, indem diese sich direkt an den Projekten beteiligen oder entsprechende Zertifikate ankaufen. Hanadi Siering, Lena Strauß. UN-Klimakonferenzen: Worum geht's? Stand: November 2018. https://reset.org/knowledge/un-klimakonferenzen-worum-gehts; (Zugriff: 25.01.2021).

[43] Auf der Pariser Klimaschutzkonferenz (COP21) im Dezember 2015 hatten sich 195 Länder erstmals gemeinsam auf ein allgemeines, rechtsverbindliches weltweites Klimaschutzübereinkommen geeinigt. Europäische Kommission. Übereinkommen von Paris. Stand: August 2021. https://ec.europa.eu/clima/policies/international/negotiations/paris_de; (Zugriff: 01.08.2021).

[44] Vgl. Bundesministerium für wirtschaftliche Zusammenarbeit und Entwicklung. Klimawandel und Entwicklung. Stand: August 2021. https://www.bmz.de/de/themen/klimaschutz/NDC-Partnerschaft/index.html; (Zugriff: 01.08.2021).

[45] Vgl. United Nations. Paris Agreement - Status of Ratification. Key aspects of the Paris Agreement. Stand: August 2021. https://unfccc.int/process/the-paris-agreement/status-of-ratification; (Zugriff: 01.08.2021).

[46] Vgl. United States Environmental Protection Agency. Environmental Topics. Stand: 19. Mai 2021. https://www.epa.gov/environmental-topics; i.V.m. United Nations. NDC Registry. https://www4.unfccc.int/sites/ndcstaging/PublishedDocuments/United%20States%20of%20America%20First/U.S.A.%20First%20NDC%20Submission.pdf; (Zugriff: 01.08.2021).

[47] Vgl. Europäische Kommission. 2030 climate & energy framework. https://ec.europa.eu/clima/policies/strategies/2030_en; (Zugriff: 01.08.2021).

[48] Vgl. Europäische Kommission. 2030 Climate Target Plan. https://ec.europa.eu/clima/policies/eu-climate-action/2030_ctp_en; (Zugriff: 01.08.2021).

II

Energiemärkte: die energiepolitischen Vorgaben

[1] Vgl. Potsdam-Institut für Klimafolgenforschung. Klimafolgen Online: Sektor Klima. Stand: August 2021. https://www.klimafolgenonline.com/; (Zugriff: 02.08.2021).

[2] Vgl. Kai Carstensen, Stefan Kooths. So geht vernünftige Klimapolitik.

Stand: 30. September 2019. https://www.faz.net/aktuell/wirtschaft/klimapaket-so-geht-vernuenftige-klimapolitik-16409158.html; (Zugriff: 26.01.2021).

[3] Luisa Neubauer, Greta Thunberg, Anuna de Wever van der Heyden, Adélaïde Charlier. Open letter and demands to world leaders. #FaceTheClimateEmergency. Stand: August 2021. https://climateemergencyeu.org/#letter; (Zugriff: 02.08.2021).

[4] Es dürfte wenige Menschen auf der Welt geben, denen nicht an einer sauberen Umwelt oder eben einer klimaneutralen Welt gelegen ist. Doch gerade in der konkreten Umsetzung und der Abwägung mit anderen elementaren Zielstellungen der Menschheit liegen die Herausforderungen einer Demokratie.

[5] Vgl. Intergovernmental Panel on Climate Change. Global warming of 1.5°C. An IPCC Special Report. Stand: Januar 2019. https://www.ipcc.ch/site/assets/uploads/sites/2/2018/07/SR15_SPM_version_stand_alone_LR.pdf; i.V.m. Intergovernmental Panel on Climate Change. AR5 Synthesis Report: Climate Change 2014. Stand: 2014. https://www.ipcc.ch/report/ar5/syr/; (Zugriff: 26.01.2021).

[6] Vgl. ZDF, Zweites Deutsches Fernsehen. Klimawandel. Die Fakten mit Harald Lesch. Stand: 28. Februar 2021. https://www.zdf.de/dokumentation/zdfzeit/zdf-zeit-klimawandel---die-fakten-mit-harald-lesch-100.html; (Zugriff: 02.08.2021).

[7] Vgl. Andreas Frey. Warnungen vor der Apokalypse: Das Klima ist zum Gruseln. Stand: 04. Januar 2021. https://www.faz.net/aktuell/wissen/erde-klima/warnungen-vor-der-apokalypse-die-klimakrise-ausser-kontrolle-17125698.html; (Zugriff: 02.08.2021).

[8] Vgl. Wissenschaftliche Dienste. Deutscher Bundestag. CO2-Emissionen im Verkehrsbereich. Stand: 20.05.2019. https://www.bundestag.de/resource/blob/660794/dfdee26b00e44b018b04a187f0c6843e/WD-8-056-19-pdf-data.pdf; i.V.m. Die Bundesregierung. Grundlage für CO2-Preis steht. Stand: 10. November 2020. https://www.bundesregierung.de/breg-de/themen/klimaschutz/nationaler-emissionshandel-1684508; (Zugriff: 27.01.2021).

[9] Vgl. IEA. Data and statistics. Stand: August 2021. https://www.iea.org/subscribe-to-data-services/co2-emissions-statistics; (Zugriff: 03.08.2021).

[10] Vgl. de.wikipedia.org. Grenzkosten. Stand: 15. Juli 2021. https://de.wikipedia.org/wiki/Grenzkosten; (Zugriff: 03.08.2021).

[11] Vgl. Fabian Kretschmer. China will bis 2060 klimaneutral sein. Stand: 23.09.2020. https://www.nzz.ch/wirtschaft/china-will-bis-2060-klimaneutral-sein-ld.1578106; (Zugriff: 01.12.2020).

[12] Vgl. Europäische Kommission. Langfristige Strategie – Zeithorizont 2050. Stand: August 2021. https://ec.europa.eu/clima/policies/strategies/2050_en; (Zugriff: 03.08.2021).

[13] Ab Januar 2021 wird der Preis für Kohlendioxid in Deutschland für die Bereiche Verkehr und Wärme auf zunächst 25 Euro pro Tonne politisch festlegt. Danach steigt der Preis schrittweise auf bis zu 55 Euro im Jahr 2025 an. Für das Jahr 2026 soll ein Preiskorridor von mindestens 55 und höchstens 65 Euro gelten. Bis 2025 wurden feste Zertifikatspreise (anstelle einer Mengengrenze)

vorgeben, also wirken die Zertifikate bis dahin wie eine Steuer. Von 2026 an soll dann ein maximale Emissionsobergrenze gelten, die von Jahr zu Jahr verringert wird. Bundesministerium für Umwelt, Naturschutz und nukleare Sicherheit. Brennstoffemissionshandelsgesetz Stand: 12. Dezember 2019. https://www.bmu.de/gesetz/brennstoffemissionshandelsgesetz/ i.V.m. Deutsche Emissionshandelsstelle. Brennstoffemissionshandelsgesetz in Kraft getreten. Stand: 20. Dezember 2019. https://www.dehst.de/SharedDocs/news/DE/BEHG-in-kraft.html; (Zugriff: 28.01.2021).

[14] Vgl. Helmuth Meyer. CO_2-Steuer – warum manche Autos nun mehr kosten. Stand: 21. Mai 2021. https://www.adac.de/rund-ums-fahrzeug/auto-kaufen-verkaufen/kfz-steuer/co2-steuer/; (Zugriff: 03.08.2021).

[15] Vgl. Dr. Astrid Matthey, Umweltbundesamt. Ermittlung und Berücksichtigung von Umweltkosten. Stand: 27. Juni 2019. https://www.klimastiftung-thueringen.de/media/Tagung/FT_2019/Vortrag_Matthey_Klimastiftung_Umweltkosten_20190627.pdf; i.V.m. Gero Rueter. Preis für CO2 und Wetterextreme: Was kostet die Welt? Stand: 06. Dezember 2018. https://www.dw.com/de/preisf%C3%BCr-co2-und-wetterextreme-was-kostet-die-welt/a-46613421; i.V.m. Umweltbundesamt. Hohe Kosten durch unterlassenen Umweltschutz. Stand: 20.November 2018. https://www.umweltbundesamt.de/presse/pressemitteilungen/hohe-kosten-durch-unterlassenen-umweltschutz; (Zugriff: 28.01.2021).

[16] Vgl. Europäische Kommission. Green Deal: Kommission legt Strategien für das Energiesystem der Zukunft und sauberen Wasserstoff vor. Stand: 08. Juli 2020. https://ec.europa.eu/germany/news/20200708-wasserstoffstrategie_de; (Zugriff: 28.01.2021).

[17] Vgl. Umweltbundesamt. Der Europäische Emissionshandel. Stand: 12. Juli 2021. https://www.umweltbundesamt.de/daten/klima/der-europaeische-emissionshandel#teilnehmer-prinzip-und-umsetzung-des-europaeischen-emissionshandels; (Zugang: 03.08.2021).

[18] Die Marktstabilisierungsreserve erfüllt eine Zentralbankfunktion für Zertifikate. Durch Variation der jährlichen Auktionsmenge kann das Angebot gesteuert werden. Übersteigen die nicht genutzten Zertifikate zum Jahresende einen Schwellwert, werden im Folgejahr die Auktionsmengen gekürzt und andersherum.

[19] Vgl. Deutsche Emissionshandelsstelle. Berichte. Stand: August 2021.

https://www.dehst.de/DE/startseite/startseite-node.html; (Zugriff: 28.01.2021).

[20] Vgl. The Wall Street Journal. World's Dumbest Energy Policy. After giving up nuclear power, Germany now wants to abandon coal. Stand: 29. Januar 2019. https://www.wsj.com/articles/worlds-dumbest-energy-policy-11548807424; (Zugriff: 28.01.2021).

[21] Der Anteil von Kohlestrom am deutschen Strommix betrug in 2020 immer noch etwa 1/4. Vgl. Umweltbundesamt. Erneuerbare und konventionelle Stromerzeugung. Stand: 10. Mai 2021. https://www.umweltbundesamt.de/daten/energie/erneuerbare-konventionelle-stromerzeugung#zeitliche-entwicklung-der-bruttostromerzeugung; i.V.m. Fraunhofer-Institut für Solare Energiesysteme ISE. Nettostromerzeugung in Deutschland 2020: erneuerbare Ener-

gien erstmals über 50 Prozent. Stand: 04. Januar 2021. (Zugriff: 03.08.2021) i.V.m. o.V. „Ergebnis der Sondierungen zwischen SPD, BÜNDNIS 90/DIE GRÜNEN und FDP". Stand: 15. Oktober 2021. https://cms.gruene.de/ uploads/documents/Ergebnis-der-Sondierungen.pdf; (Zugriff: 24.10.2021).

[22] Die Idee zur Strukturierung dieses Kapitels sowie die inhaltliche Schwerpunktsetzung ist übernommen aus: Carl Christian Jancke, Automobil-Fachpublizist im Interview mit Burkhard Müller-Ullrich, Indubio Folge 57. Der Emissions-Fetischismus der EU. Stand: 10. September 2020. https://www.achgut.com/artikel/indubio_folge_57_der_emissionsfetischismus_der_eu; Zugriff: 20.09.2020.

[23] Vgl. Christian Nikolai. Bis 2035 Verbrennungsmotoren abschaffen – oder doch nur das Verbrennen fossiler Kraftstoffe? Stand: 29. September 2020. https://drehmomentblog.com/2020/09/29/hallo-herr-soder/; i.V.m. Daniel Stelter. Die brutale Revolution in Auto- und Energiebranche. Stand: 01. Juni 2017. https://www.wiwo.de/finanzen/geldanlage/stelter-strategisch-die-brutale-revolution-in-auto-und-energiebranche/19841924.html; i.V.m. Süddeutsche Zeitung. „Leute, kauft Hybrid-Autos von Toyota!" Stand: 17. Mai 2010. https://www.sueddeutsche.de/wirtschaft/renate-kuenast-raet-leute-kauft-hybrid-autos-von-toyota-1.813549; (Zugriff: 30.01.2021).

[24] Vgl. Thomas Kroher, Thomas Paulsen. Förderung für Elektroautos: Hier gibt es Geld. Stand: 27. April 2021. https://www.adac.de/rund-ums-fahrzeug/elektromobilitaet/kaufen/foerderung-elektroautos/; i.V.m. Dietmar H. Lamparter. Der Staat hilft kräftig mit. Stand: 12. Februar 2020. https://www.zeit.de/wirtschaft/unternehmen/2020-02/tesla-subventionen-gruenheide-elektromobilitaet-elon-musk?utm_referrer=https%3A%2F%2Fwww.google.com%2F; (Zugriff: 03.08.2021).

[25] Vgl. Jan Gänger. Teslas Börsenwert geht durch die Decke. Stand: 04. Januar 2021.

https://www.n-tv.de/wirtschaft/Teslas-Boersenwert-geht-durch-die-Decke-article22268623.html; (Zugriff: 30.01.2021).

[26] Vgl. Kraftfahrt-Bundesamt. Pressemitteilung Nr. 01/2021 - Elektromobilität in Deutschland auf der Überholspur. Stand: 06. Januar 2021. https://www.kba.de/DE/Service/Nachrichten/2021/PM/PM_Nr_01_2021_Elektromobilitaet.html; (Zugriff: 30.01.2021).

[27] Vgl. DER SPIEGEL. Scheuer will zehn Millionen Elektroautos - bis 2030. Stand: 25. Juni 2019. https://www.spiegel.de/wirtschaft/soziales/verkehrsministerium-will-zehn-millionen-e-autos-bis-2030-a-1274272.html; i.V.m. Kraftfahrt-Bundesamt. Statistiken. Stand: August 2021. https://www.kba.de/EN/Statistik_en/statistik_node_en.html; (Zugriff: 03.08.2021).

[28] Vgl. BMW Group. Welcome to BMW GROUP Plant Spartanburg. https://www.bmwgroup-werke.com/spartanburg/en.html; (Zugriff: 03.08.2021).

[29] Die Reichweite eines Elektroautos reduziert sich in Abhängigkeit der winterlichen Einflüsse um etwa 10 bis 30 Prozent. Im Extremfall aber auch mal mehr, vor allem wenn bei mehreren Kurzstrecken pro Tag das ausgekühlte Elektroauto jeweils erneut aufgeheizt werden muss. ADAC. Elektroautos im Winter: Praktische Tipps zur Reichweite. Stand: 12. Februar 2021.

https://www.adac.de/rund-ums-fahrzeug/elektromobilitaet/info/elektroauto-reichweite-winter/; (Zugriff: 03.02.2021).

[30] Vgl. Die Bundesregierung. Elektromobilität weiter vorantreiben. Stand: 28. September 2018. https://www.bundesregierung.de/breg-de/themen/saubere-luft/elektromobilitaet-weiter-vorantreiben-1530062; (Zugriff: 05.02.2021).

[31] Vgl. Kraftfahrt-Bundesamt. Kraftfahrt-Bundesamt (KBA)- Federal Motor Transport Authority. Stand: August 2021. https://www.kba.de/EN/Home/home_node.html; (Zugriff: 03.08.2021).

[32] Vgl. Chris Isidore. Tesla's dirty little secret: Its net profit doesn't come from selling cars. Stand: 1. Februar 2021. https://edition.cnn.com/2021/01/31/investing/tesla-profitability/index.html; i.V.m. Tesla. Investor Relations. Stand: Februar 2021. https://ir.tesla.com/; (Zugriff: 05.02.2021).

[33] Im Jahr 2015 durften die Normemissionen aller Pkw-Neuzulassungen in der Europäischen Union im Durchschnitt nicht über 130 Gramm CO_2 pro Kilometer liegen. Das entspricht grob einem durchschnittlichen Verbrauch von 4,9 Litern Diesel oder 5,6 Litern Benzin, bezogen auf 100 Kilometer. Dieser Wert gilt allerdings nicht für das einzelne Fahrzeug. Vielmehr erhält jeder Hersteller ein spezifisches Ziel für seine verkaufte Neuwagenflotte. In Summe aller Hersteller tragen die einzelnen Zielwerte insgesamt zur Zielerreichung in der EU bei. Für 2021 wird der Zielwert in der EU auf 95 Gramm CO_2 pro Kilometer verschärft – umgerechnet ein Durchschnittsverbrauch von 3,6 Litern Diesel oder 4,1 Litern Benzin pro hundert Kilometer. Zum Vergleich: In den USA waren bis 2020 Grenzwerte von 121 Gramm pro Kilometer, in China von 117 Gramm pro Kilometer und in Japan von 105 Gramm pro Kilometer definiert. Verband der Automobilindustrie. Quo Vadis, Diesel? Stand: Februar 2021. https://www.vda.de/de/themen/umwelt-und-klima/diesel/grenzwerte.html; (Zugriff: 05.02.2021).

[34] Vgl. Financial Times. Fiat Chrysler to spend €1.8bn on CO2 credits from Tesla. https://www.ft.com/content/fd8d205e-6d6b-11e9-80c7-60ee53e6681d; i.V.m. Friederike Hofmann, ARD Paris. Warum ein neuer Autogigant entsteht. Stand: 04. Januar 2021. https://www.tagesschau.de/wirtschaft/psa-fiat-chrysler-fusion-hintergrund-101.html; (Zugriff: 05.02.2021).

[35] Vgl. Erik Emilsson, Lisbeth Dahllöf, IVL Swedish Environmental Research Institute. Lithium-Ion Vehicle Battery Production. Stand: November 2019. https://www.ivl.se/download/18.14d7b12e16e3c5c36271070/1574923989017/C444.pdf; i.V.m. Leonid Leiva. Wie stark belastet die Batterieherstellung die Ökobilanz von Elektroautos? Stand: 18. Juni 2020. https://www.energie-experten.ch/de/mobilitaet/detail/wie-stark-belastet-die-batterieherstellung-die-oekobilanz-von-elektroautos.html; (Zugriff: 05.02.2021).

[36] Vgl. Dr. Norbert Prack. E-Auto-Brand: So löscht die Feuerwehr. Stand: 02.12.2019. https://www.adac.de/rund-ums-fahrzeug/elektromobilitaet/info/e-auto-loeschen/; (Zugriff: 04.08.2021).

[37] Die Basis für den CO_2-Grenzwert in der EU war bislang der „Neue Europäische Fahrzyklus" (NEFZ). Dieses 1992 eingeführte Prüfverfahren ermöglicht eine europaweite Vergleichbarkeit. Vgl. Verband der Automobilindustrie. Quo Vadis, Diesel? Stand: Februar 2021. https://www.vda.de/de/themen/um-

welt-und-klima/diesel/grenzwerte.html; (Zugriff: 05.02.2021).

[38] Vgl. CARL CHRISTIAN JANCKE. Wie Brüssel Ihnen demnächst den Sprit abdreht. Stand: 06.09.2020. https://drehmomentblog.wordpress.com/2020/09/06/wie-brussel-ihnen-demnachst-den-sprit-abdreht/; (Zugriff: 05.02.2021).

[39] Vgl. Georg Fahrion. Das fragwürdige Geschäftsmodell der Umwelthilfe. Stand: 23. November 2018. https://www.capital.de/wirtschaft-politik/das-fragwuerdige-geschaeftsmodell-der-umwelthilfe; (Zugriff: 08.02.2021).

[40] Die Veränderungen der CO_2-Emissionen infolge des ersten Lockdowns lassen sich nur schwer eindeutig bestimmen, da diese gar nicht gemessen, sondern mehr oder weniger akkurat geschätzt werden.

[41] Vgl. Umweltbundesamt. FAQ: Auswirkungen der Corona-Krise auf die Luftqualität. Stand: 17. Juli 2020. https://www.umweltbundesamt.de/faq-auswirkungen-der-corona-krise-auf-die#welche-auswirkungen-hat-die-corona-krise-auf-die-luftqualitat-; i.V.m. Martin Schraag. Kaum Verkehr, trotzdem Stickoxid-Spitzenwerte: Corona entlarvt Fahrverbote als sinnlos. Stand: 12. Mai 2020. https://www.focus.de/auto/news/diesel-fahrverbote-kaum-verkehr-trotzdem-schlechte-luft-corona-entlarvt-fahrverbote-als-sinnlos_id_11866874.html; (Zugriff: 10.02.2021).

[42] Vgl. Nikolaus Doll. Schlechte Luft ohne Diesel – hier zeigt sich der Messstellen-Wahnsinn. Stand: 04.November 2018. https://www.welt.de/wirtschaft/article183234798/Diesel-Fahrverbote-Messwerte-in-Oldenburg-sorgen-fuer-Zweifel-an-schlechten-Luftwerten-in-Staedten.html; (Zugriff: 10.02.2021).

[43] Vgl. Herbie Schmidt. Das Stromauto wird zum Normalfall. Stand: 02. Oktober 2020. https://www.nzz.ch/wirtschaft/e-mobilitaet-waechst-stark-das-stromauto-wird-zum-normalfall-ld.1577481?utm_source=pocket-newtab-global-de-DE; (Zugriff: 10.02.2021).

[44] Vgl. Martin von Broock, Andreas Suchanek. Build back better. Stand: Februar 2021. https://www.wcge.org/de/ueber-uns/standpunkte/aktuelles/512-build-back-better; (Zugriff: 10.02.2021).

[45] Anfang 2021 verabschiedete der Deutsche Bundestag das Gebäude-Elektromobilitäts-Infrastruktur-Gesetz (GEIG). Dieses schreibt vor, dass auf größeren Parkplätzen von Wohn- und Gewerbegebäuden unter bestimmten Voraussetzungen Leitungs- und Ladeinfrastruktur bereitgestellt werden muss. Vgl. tagesschau.de. Mehr Möglichkeiten zum Laden von E-Autos. Stand: 12.02.2021. https://www.tagesschau.de/inland/-ausweitung-e-autos-ladenetz-101.html; (Zugriff: 14.02.2021).

[46] Vgl. Uwe Burkert. Grüne Finanzierungen auf dem Vormarsch. Stand: 20. Februar 2019. https://www.lbbw.de/konzern/research/2020/weitere-studien/lbbw_research_cff_gruene_finanzierungen_9v5wsx2on_m.pdf; (Zugriff: 11.02.2021).

[47] Vgl. Sarah Backhaus, Antonia Kögler. Green-Finance-Markt entwickelt sich weiter. Stand: 29. September 2020. https://www.finance-magazin.de/finanzierungen/alternative-finanzierungen/green-finance-markt-entwickelt-sich-weiter-2065371/; (Zugriff: 11.02.2021).

[48] Zu diesen Agenturen zählen etwa ISS-oekom, Cicero, Vigeo Eiris oder Sustainalytics. Sie zertifizieren die Projekte als „nachhaltig" und bestätigen damit, dass die Investitionen tatsächlich der Umwelt zugutekommen

[49] Vgl. International Capital Market Association (ICMA). Green Bond Principles. https://www.icmagroup.org/green-social-and-sustainability-bonds/green-bond-principles-gbp/; (Zugriff: 11.02.2021).

[50] Vgl. Loan Market Association. Green Loan Principles. Stand: Dezember 2018. https://www.lma.eu.com/application/files/9115/4452/5458/741_LM_Green_Loan_Principles_Booklet_V8.pdf; (Zugriff: 11.02.2021).

[51] Taxonomie steht für ein einheitliches Verfahren oder Modell (Klassifikationsschema), mit dem Objekte nach bestimmten Kriterien klassifiziert, das heißt in Kategorien oder Klassen, eingeordnet werden. de.wikipedia.org. Taxonomie. Stand: 8. April 2021. https://de.wikipedia.org/wiki/Taxonomie; (Zugriff: 05.08.2021).

[52] Vgl. Dirk Soehnholz. Nachhaltigkeitstaxonomie der EU: Positive Aspekte aber insgesamt enttäuschend. Stand: 19. Juni 2019. https://www.linkedin.com/pulse/nachhaltigkeitstaxonomie-der-eu-positive-aspekte-aber-soehnholz; (Zugriff: 11.02.2021).

[53] Der „Aktionsplan: Finanzierung von nachhaltigem Wachstum" der Europäischen Kommission erörtert die wichtigsten Herausforderungen für den Nachhaltigkeitsübergang. Damit verbunden werden auch Schätzungen zum bestehenden Investitionsbedarf zur Erreichung der Ziele für 2030 mit den EIB-Schätzungen für den Investitionsbedarf zur Wiederherstellung der Wettbewerbsfähigkeit (für den Wasser- und Abfallsektor). Zur Erreichung der Energie- und Klimaziele bedarf es danach einer zusätzlichen Finanzierung in Höhe von 180 Mrd. EUR pro Jahr in Bezug auf das derzeitige Investitionsniveau. Betrachtet man auch den Wasser- und Abfallsektor, so steigt die Investitionslücke auf 270 Milliarden EUR. EU Technical Expert Group on Sustainable Finance. Taxonomy Technical Report. Stand: Juni 2019. https://ec.europa.eu/info/sites/info/files/business_economy_euro/banking_and_finance/documents/190618-sustainable-finance-teg-report-taxonomy_en.pdf; S. 85. i.V.m. Europäische Kommission. Renewed sustainable finance strategy and implementation of the action plan on financing sustainable growth. Stand: 5. August 2020. https://ec.europa.eu/info/publications/sustainable-finance-renewed-strategy_en; (Zugriff: 12.02.2021).

[54] Die Besorgnis der Öffentlichkeit über den Klimawandel hat in den letzten Jahren erkennbar zugenommen. Vgl. Natalie Marchant. Half of those surveyed are unaware of the link between climate change and diseases like COVID-19. Stand: 20 Januar 2021. https://www.weforum.org/agenda/2021/01/climate-change-link-infectious-diseases-covid-19-study/; i.V.m. Max van Wijk, SoeYu Naing et al. Perception and knowledge of the effect of climate change on infectious diseases within the general public: A multinational cross-sectional survey-based study. Stand: 5. November 2020. https://journals.plos.org/plosone/article?id=10.1371/journal.pone.0241579; (Zugriff: 12.02.2021).

[55] ESG-Ratings dienen der systematischen Beurteilung von Wertpapieren unter Environmental, Social und Governance-Gesichtspunkten.

[56] Vgl. Bert Flossbach. Was beim Thema Nachhaltigkeit oft vergessen wird.

Stand: 09. Oktober 2018. https://www.dasinvestment.com/bert-flossbach-was-beim-thema-nachhaltigkeit-oft-vergessen-wird/; (Zugriff: 12.02.2021).

[57] Vgl. Prof. Dr. Dirk Söhnholz. ESG-Ratings: Kritik an Flossbach Kritik. Stand: 14. Oktober 2018. https://prof-soehnholz.com/esg-ratings-kritik-an-flossbach-kritik/; (Zugriff: 12.02.2021).

III
Die energiewirtschaftliche Umsetzung

[1] Die Idee zur Strukturierung dieses Kapitels sowie die inhaltliche Schwerpunktsetzung ist übernommen aus: Michael Limburg, Fred, F. Mueller, Strom ist nicht gleich Strom, Warum die Energiewende nicht gelingen kann. Stand: 16. November 2015, TvR Medienverlag Jena; 1. Edition.

[2] So bemängelt Anfang 2021 die zu diesem Zeitpunkt 15-jährige Deutsche Maria Kellers (Sprecherin von Fridays for Future) medienwirksam, dass zwar eine „Diskursverschiebung" in der Klimapolitik stattgefunden habe, aber mit Blick auf die realpolitischen Entscheidungen, die getroffen worden sind, die deutsche Bundesregierung wenig vorzuweisen habe.

[3] Vgl. Marco Sonnberger, Michael Ruddat. Die gesellschaftliche Wahrnehmung der Energiewende: Ergebnisse einer deutschlandweiten Repräsentativbefragung. Stand: 2016. https://elib.uni-stuttgart.de/handle/11682/8911; (Zugriff: 06.08.2021).

[4] Vgl. INSM Initiative Neue Soziale Marktwirtschaft. EEG & Co. treiben Energiewendekosten auf 520 Milliarden Euro. Stand: 10. Oktober 2016. https://www.insm.de/insm/presse/pressemeldungen/pressemeldung-studie-eeg; i.V.m. Die Bundesregierung. Was bringt, was kostet die Energiewende. Stand: 2021. https://www.bundesregierung.de/breg-de/themen/energiewende/was-bringt-was-kostet-die-energiewende-394146; (Zugriff: 13.02.2021).

[5] Vgl. Karoline Steinbacher. Exporting the Energiewende: German Renewable Energy Leadership and Policy Transfer (Energiepolitik und Klimaschutz. Energy Policy and Climate Protection). Stand: 19. Juni 2018. Herausgeber: ⊠Springer VS; 1st ed. 2019 Edition.

[6] Deutschland: Elbe- und Oderhochwasser 2002/2005, Stromausfall Münsterland 2005, Sturm Kyrill 2007.

[7] Vgl. Deutscher Bundestag. Bericht des Ausschusses für Bildung, Forschung und Technikfolgenabschätzung (18. Ausschuss) gemäß § 56a der Geschäftsordnung. Stand: 27. April 2011. https://dipbt.bundestag.de/dip21/btd/17/056/1705672.pdf; i.V.m. „Plötzlich Blackout". Aktionsplan 2014 und Ergebnisanalyse des nationalen Workshops am 29. November 2013. Stand: 30. Januar 2014. https://www.saurugg.net/wp-content/uploads/2015/01/pb-nwb-ergebnisanalyse-und-aktionsplan-2014.pdf; (Zugriff: 18.02.2021).

[8] Vgl. Dr. Rüdiger Paschotta. Wechselstrom. Stand: 15. August 2020. https://www.energie-lexikon.info/wechselstrom.html; (Zugriff: 18.02.2021).

⁹ Strom, der in Batterien ein- und später wieder ausgespeist wird, ist energiewirtschaftlich im Vergleich zu Strom, der unmittelbar aus der Erzeugung eines Kraftwerks stammt, nachvollziehbar um ein Vielfaches teurer. Zudem ist die Energiebilanz von Batteriestrom verheerend schlecht, da die Herstellung einer Batterie heute noch teilweise mehr Energie verbraucht wird, als ihr später entnommen werden kann.

¹⁰ Vgl. Heise Medien. EnBW gibt das Milliardenprojekt Pumpspeicherkraftwerk Atdorf auf. Stand: 11. Oktober 2017. https://www.heise.de/newsticker/meldung/EnBW-gibt-das-Milliardenprojekt-Pumpspeicherkraftwerk-Atdorf-auf-3858670.html; (Zugriff: 21.02.2021).

¹¹ Bei einem typischen Lastgang in Deutschland wird in einer Sommernacht im deutschen Netz eine Leistung von 25.000 MW Leistung abgerufen, während der Strombedarf an Werktagen in der kalten Jahreszeit auf bis zu 85.000 MW Leistung ansteigen kann.

¹² Vgl. Julia Balanowski, Nadia Grimm, Stephan Hohmeier, Hannes Seidl, Immo Zoch. Handbuch Lastmanagement. Vermarktung flexibler Lasten: Erlöse erwirtschaften – zur Energiewende beitragen. Stand: Dezember 2012. https://www.dena.de/fileadmin/dena/Dokumente/Pdf/1408_Lastmanagement_Handbuch.pdf; (Zugriff: 21.02.2021).

¹³ Vgl. Prof. Dr. Gerhard Neidhöfer. Der Weg zur Normfrequenz 50 Hz. Wie aus einem Wirrwarr von Periodenzahlen die Standardfrequenz 50 Hz hervorging. Stand: 2008. https://www.cdvandt.org/50Hz-Neidhoefer.pdf; (Zugriff: 22.02.2021).

¹⁴ Wie groß diese Abweichungen sind, lässt sich für Europa beispielsweise an der Strombörse EPEX/EEX ablesen. Vgl. EEX. Transparency Platform. Stand: Februar 2021. https://www.eex-transparency.com/power; (Zugriff: 22.02.2021).

¹⁵ Dies ist auch der Grund, weshalb die als extrem flexibel geltenden Gaskraftwerke trotz ihrer Schnellstartfähigkeit einen Blackout nicht verhindern könnten.

¹⁶ Vgl. Next Kraftwerke GmbH. Was ist Primärregelleistung (PRL)/ Frequency Containment Reserve (FCR)? Stand: März 2021. https://www.next-kraftwerke.de/wissen/primaerreserve-primaerregelleistung; (Zugriff: 04.03.2021).

¹⁷ Die Maßgröße für die „Zuverlässigkeit" einer bestimmten Erzeugungsart ist im deutschen Netz der sog. Leistungskredit, der den Beitrag eines einzelnen Kraftwerks zur gesicherten Leistung der betreffenden Erzeugungstechnologie definiert. Der Leistungskredit reflektiert die Wahrscheinlichkeit, mit der ein Kraftwerk im Augenblick des Bedarfs Leistung zur Verfügung stellen kann: Wasserkraft 40 Prozent; Kernkraft 93 Prozent; Kohle/Gaskraftwerk 90 Prozent; Wind Onshore acht Prozent; Wind Offshore zehn Prozent; Photovoltaik ein Prozent. Vgl. Stephan Kohler, Annegret-Cl. Agricola, Hannes Seidl. dena-Netzstudie II. Integration erneuerbarer Energien in die deutsche Stromversorgung im Zeitraum 2015 – 2020 mit Ausblick 2025. Stand: November 2010. https://www.dena.de/fileadmin/user_upload/Download/Dokumente/Studien__Umfragen/Endbericht_dena-Netzstudie_II.PDF; i.V.m. Jenny Winkler, Frank Sensfuß, Dogan Keles, Lea Renz, Wolf Fichtner. Perspektiven für die langfristige Entwicklung der Strommärkte und der Förderung Erneuerbarer Energien bei ambitionierten Ausbauzielen. Stand: 2012. https://www.isi.fraunhofer.de/content/dam/isi/

dokumente/ccx/2012/Perspektiven-zur-aktuellen-Kapazitaetsmarktdiskussion-in-Deutschland.pdf; (Zugriff: 04.03.2021).

[18] Vgl. Dr. Rüdiger Paschotta. Gesicherte Kraftwerksleistung. Stand: 06.Juni 2021. https://www.energie-lexikon.info/gesicherte_kraftwerksleistung.html; (Zugriff: 04.03.2021).

[19] Als klassische fossile Brennstoffe gelten Braun- und Steinkohle sowie Erdgas. Im Rahmen dieses Buches wird zudem Uranerz als „fossiler Brennstoff" betrachtet, obgleich Uranerz – als der entscheidende Rohstoff für die Herstellung von Brennstäben – im klassisch fossilen Sinne kein Abbauprodukt toter Pflanzen/Tieren, sondern eine Mineralisation ist.

[20] Prof. Dr. Bruno Burger. Stromerzeugung in Deutschland 2017: Solar- und Windenergie übertreffen erstmals Kohle und Kernenergie. Stand: 03. Januar 2018. https://www.ise.fraunhofer.de/de/presse-und-medien/news/2018/stromerzeugung-in-deutschland-2017-solar-und-windenergie-uebertreffen-erstmals-kohle-und-kernenergie.html; i.V.m. Vgl. EEX. Transparency Platform. Stand: Februar 2021. https://www.eex-transparency.com/power/ (Zugriff: 07.03.2021).

[21] Vgl. EEX. Transparency Platform. Stand: Februar 2021. https://www.eex-transparency.com/power/; (Zugriff: 07.03.2021).

[22] Das Bundeskabinett hatte am 6. Juni 2011 das sofortige Aus für acht Atomkraftwerke und den stufenweisen Ausstieg aus der Kernenergie bis 2022 beschlossen.

[23] Vgl. Die Bundesregierung. Abschied von der Kohleverstromung. Stand: März 2021. https://www.bundesregierung.de/breg-de/aktuelles/kohleausstiegsgesetz-1716678; (Zugriff: 07.03.2021).

[24] Vgl. Bundesministerium für Wirtschaft und Energie. Die Energie der Zukunft: Vierter Monitoring-Bericht zur Energiewende. November 2015. https://www.bmwi.de/Redaktion/DE/Publikationen/Energie/vierter-monitoring-bericht-energie-der-zukunft.pdf?__blob=publicationFile&v=26; (Zugriff: 07.03.2021).

[25] Die Energieproduktivität gibt das Verhältnis von Bruttoinlandsprodukt und Primärenergieverbrauch wieder und ist ein Maß dafür, welcher Wert an wirtschaftlicher Leistung pro Einheit Primärenergie erzeugt wird. Durch intelligentere und damit effizientere Nutzung von Energie stieg die Energieproduktivität in Deutschland zwischen 1990 und 2010 erkennbar an.

[26] Im gleichen Jahr wurden aus Deutschland netto 51,2 TWh Strom exportiert. Vgl. Arbeitsgemeinschaft Energiebilanzen. Daten und Fakten. Stand: März 2021. https://www.ag-energiebilanzen.de/; (Zugriff: 07.03.2021).

[27] Vgl. Bundesministerium für Wirtschaft und Energie. Elektromobilität in Deutschland. Stand: März 2021. https://www.bmwi.de/Redaktion/DE/Dossier/elektromobilitaet.html; (Zugriff: 07.03.2021).

[28] Industrie Energieforschung. Wachstum und Energieverbrauch. Stand: März 2021. https://eneff-industrie.info/quickinfos/energieproduktivitaet/wachstum-und-energieverbrauch-entkoppelt/; (Zugriff: 07.03.2021).

[29] Vgl. Christoph Kost et al. Stromgestehungskosten Erneuerbare Energien. Stand: März 2018. https://www.ise.fraunhofer.de/content/dam/ise/de/documents/publications/studies/DE2018_ISE_Studie_Stromgestehungskosten_Erneuerbare_Energien.pdf; i.V.m. Bundesverband der Energie- und Wasserwirtschaft. Energiemarkt Deutschland 2019. Stand: Juni 2019. https://www.bdew.de/media/documents/Pub_20190603_BDEW-Energiemarkt-Deutschland-2019.pdf; (Zugriff: 08.03.2021).

[30] Die Idee der Volllaststunden betrachtet die gelieferte Gesamtmenge an Strom so, als hätte die Anlage für einen Teil der insgesamt 8.760 Stunden eines Jahres unter Volllast gearbeitet und in der restlichen Zeit komplett stillgestanden. Alternativ ließe sich auch der Nutzungsgrad unterstellen, der sich aus dem prozentualen Verhältnis von Volllaststunden zu Gesamt-Jahresstunden ergibt.

[31] Um einen möglichst hohen Wirkungsgrad im gesamten Stromversorgungssystem sicherzustellen, wird der Einsatz des Kraftwerkparks eines Landes in der Regel von den sogenannten Netzleitstellen koordiniert. Die Grundlastkraftwerke selbst sind so ausgelegt, dass innerhalb deren Lebensdauer – etwa 40 bis 45 Jahre beziehungsweise 200.000 Betriebsstunden – möglichst wenige Unterbrechung oder Lastwechsel auftreten. Je abrupter die Lastwechsel, je häufiger die Unterbrechungen, umso ökonomisch unattraktiver wird der Einsatz von Grundlastkraftwerken für deren Betreiber. Bundesministerium für Wirtschaft und Energie. FAQ. https://www.bmwi.de/Redaktion/DE/FAQ/Versorgungssicherheit-Kohleausstieg/faq-versorgungssicherheit-kohleausstieg.html; (Zugriff: 09.08.2021.)

[32] Die Brennstoffkosten eines Braunkohlekraftwerks betragen rund 16 Prozent der laufenden Kosten. Vgl. Lambert Schneider. Stromgestehungskosten von Großkraftwerken. Entwicklungen im Spannungsfeld von Liberalisierung und Ökosteuern. Stand: 1998. https://www.oeko.de/oekodoc/55/1998-001-de.pdf; (Zugriff: 09.08.2021).

[33] Vgl. Christoph Kost et al. Stromgestehungskosten Erneuerbare Energien. Stand: März 2018. https://www.ise.fraunhofer.de/content/dam/ise/de/documents/publications/studies/DE2018_ISE_Studie_Stromgestehungskosten_Erneuerbare_Energien.pdf; (Zugriff: 11.03.2021).

[34] Vgl. Prof. Dr. Hendrik Vennegeerts, Dr. Fekadu Shewarega, Jens Denecke, Carsten Graeve. Systemsicherheits- und -stabilitätsaspekte im Rahmen der Langfristanalysen gemäß § 34(1) des Kohleverstromungsbeendigungsgesetzes (KVBG). Stand: 4. Dezember 2020.

https://www.netztransparenz.de/portals/1/Teilpaket%201_%20Abschlussbericht_Studie.pdf (Zugriff: 11.03.2021).

[35] In Deutschland wird seit Jahren eine Diskussion um die Notwendigkeit sogenannter Strom-Autobahnen vom mit Windkraftanlagen dicht besiedelten Norden hin zum mit Industrie (und damit Stromverbrauchern) dicht besiedelten Süden des Landes geführt. Ziel ist es, die regionalen Ungleichgewichte zwischen Erzeugung und Verbrauch auszugleichen. Allerdings würde mit diesen neuen Strecken keineswegs mehr Strom transportiert als bisher, sondern die gleiche Menge Strom über andere und vor allem auch längere Strecken übertragen. Der Bedarf wird dann nicht mehr von ortsnaher Kraftwerkskapazitäten gedeckt, sondern von Erzeugungskapazitäten viele hundert Kilometer entfernt. Vgl.

Umweltbundesamt. Potenzial der Windenergie an Land. Stand: Juni 2013. https://www.umweltbundesamt.de/sites/default/files/medien/378/publikationen/potenzial_der_windenergie.pdf; (Zugriff: 08.08.2021).

[36] Vgl. Voith. Pumpspeicherkraftwerke: Wasserkraftwerk plus Energiespeicher. Stand: März 2021. http://voith.com/corp-de/branchen/wasserkraft/pumpspeicherkraftwerke.html; (Zugriff: 11.03.2021) i.V.m. Speicherbranche.de. Branchenportal für Speicherlösungen. Pumpspeicherkraftwerke. Stand Juni 2016. https://www.speicherbranche.de/ausbau/pumpspeicherkraftwerke; (Zugriff: 11.03.2021).

[37] Vgl. Schluchseewerk. Einstellung des Projekts PSW Atdorf. https://www.schluchseewerk.de/pressemitteilungen/einstellung-des-projekts-psw-atdorf/; (Zugriff: 15.03.2021) i.V.m. Sachverständigenrat für Umweltfragen. Wege zur 100 % erneuerbaren Stromversorgung. Stand: Januar 2011. https://www.umweltrat.de/SharedDocs/Downloads/DE/02_Sondergutachten/2008_2012/2011_07_SG_Wege_zur_100_Prozent_erneuerbaren_Stromversorgung.pdf;jsessionid=-6D3E7FE3F9D440A49BAB14E363614D95.2_cid292?__blob=publicationFile&v=12; (Zugriff: 15.03.2021).

[38] Vgl. Gesellschaft für ökologische Forschung. Seltene Erden. Stand: 05. November 2019.

http://www.irrtum-elektroauto.de/lexikon/seltene-erden/; (Zugriff: 15.03.2021).

[39] Vgl. Horst Trummler. Stromspeicher – was sie sind, was sie taugen, was sie kosten! Stand: 22. Mai 2012. https://www.eike-klima-energie.eu/author/trummler-horst-1/?print=print-search; (Zugang: 15.03.2021).

[40] In Europa existieren aufgrund der räumlichen Aufteilung zwar mehrere voneinander getrennte Verbundsysteme, im Allgemeinen wird unter dem europäischen Verbundsystem jedoch das zentraleuropäische Verbundnetz verstanden. de.wikipedia.org. Europäisches Verbundsystem. Stand: 22. Mai 2021. https://de.wikipedia.org/wiki/Europ%C3%A4isches_Verbundsystem; (Zugriff: 15.03.2021).

[41] So zum Beispiel ein in Deutschland mit viel Öffentlichkeitswirksamkeit eingeführter sogenannter Monster-Akku, dessen Speicherkapazität allerdings so gering ist, dass dieser für die Stromversorgung als unbedeutend gelten kann. Vgl. Daniel Wetzel. Monster-Akku im Norden soll Flatterstrom zähmen. Stand: 15. April 2014. https://www.welt.de/wirtschaft/energie/article126958257/Monster-Akku-im-Norden-soll-Flatterstrom-zaehmen.html; (Zugriff: 15.03.2021).

[42] Vgl. Bundesministerium für Wirtschaft und Energie. Kommission „Wachstum, Strukturwandel und Beschäftigung": Abschlussbericht. Stand: Januar 2019. https://www.bmwi.de/Redaktion/DE/Artikel/Wirtschaft/kohleausstieg-und-strukturwandel.html; (Zugriff: 21.03.2021).

[43] Vgl. Zentralverband des Deutschen Bäckerhandwerks. Petition zur EEG-Umlage zeichnen! Stand: März 2021. https://www.baeckerhandwerk.de/betrieb-wirtschaft/petition-eeg-umlage/; (Zugriff: 21.03.2021).

[44] Vgl. Strom-Report.de. EEG-Umlage: Hintergrund, Entwicklung, Ausblick 2021 & 2022. Stand: März 2021. https://strom-report.de/eeg-umlage/; (Zugriff:

21.03.2021).

[45] Die EEG-Umlage stieg im Jahr 2020 um 0,351 Cent und belief sich damit in Summe auf 6,756 Cent pro Kilowattstunde. Heruntergebrochen auf einen typischen 3-Personen-Haushalt ist die Höhe der jährlichen Belastung allein durch das EEG bereits enorm. Rechenbeispiel: Der angenommene 3-Personen-Haushalt hat einen angenommenen Verbrauch von 3.500 kWh/Jahr: 6,756 Cent/kWh = 236,46 EUR [netto]+ 19 Prozent MwSt = 281,38 EUR [brutto] Belastung aus dem EEG pro Jahr.

[46] Vgl. Strom-Report.de. EEG-Umlage: Hintergrund, Entwicklung, Ausblick 2021 & 2022. Stand: März 2021. https://strom-report.de/eeg-umlage/; (Zugriff: 21.03.2021).

[47] Vgl. Justus Haucap, Ina Loebert, Susanne Thorwarth. KOSTEN DER ENERGIEWENDE: Untersuchung der Energiewendekosten im Bereich der Stromerzeugung in den Jahren 2000 bis 2025 in Deutschland. https://www.insm.de/fileadmin/insm-dms/text/soziale-marktwirtschaft/eeg/INSM_Gutachten_Energiewende.pdf; (Zugriff: 21.03.2021).

[48] Vgl. Bundesministerium für Wirtschaft und Energie. Erneuerbare Energien. Stand: März 2019. https://www.bmwi.de/Redaktion/DE/Dossier/erneuerbare-energien.html; (Zugriff: 21.03.2021).

[49] Vgl. Arbeitsgemeinschaft Energiebilanzen. Auswertungstabellen zur Energiebilanz für die Bundesrepublik Deutschland 1990 bis 2019. Stand: September 2020. https://ag-energiebilanzen.de/10-0-Auswertungstabellen.html; i.V.m. Umweltbundesamt. Erneuerbare Energien in Deutschland: Daten zur Entwicklung im Jahr 2019. https://www.umweltbundesamt.de/sites/default/files/medien/1410/publikationen/2020-04-03_hgp-ee-in-zahlen_bf.pdf; (Zugriff: 21.03.2021).

[50] Vgl. Bundesministerium für Wirtschaft und Energie. Erneuerbare Energien. Das Erneuerbare-Energien-Gesetz. https://www.erneuerbare-energien.de/EE/Redaktion/DE/Dossier/eeg.html; (Zugriff: 21.03.2021).

[51] Vgl. Petra Icha, Gunter Kuhs. Entwicklung der spezifischen Kohlendioxid-Emissionen des deutschen Strommix in den Jahren 1990 – 2019. Stand: April 2020. https://www.umweltbundesamt.de/sites/default/files/medien/1410/publikationen/2020-04-01_climate-change_13-2020_strommix_2020_fin.pdf; i.V.m. Bundesministerium für Umwelt, Naturschutz und nukleare Sicherheit. Klimaschutz in Zahlen: Fakten, Trends und Impulse deutscher Klimapolitik. Stand: Mai 2018. https://www.bmu.de/fileadmin/Daten_BMU/Pools/Broschueren/klimaschutz_in_zahlen_2018_bf.pdf; (Zugriff: 22.03.2021).

[52] Vgl. Umweltbundesamt. Spezifische Emissionsfaktoren für den deutschen Strommix. Stand: 30.06.2021. https://www.umweltbundesamt.de/themen/luft/emissionen-von-luftschadstoffen/spezifische-emissionsfaktoren-fuer-den-deutschen; (Zugriff: 22.03.2021).

[53] Vgl. Umweltbundesamt. Kohlendioxid-Emissionen. Stand: 21. Juni 2021. https://www.umweltbundesamt.de/daten/klima/treibhausgas-emissionen-in-deutschland/kohlendioxid-emissionen#kohlendioxid-emissionen-im-vergleich-zu-anderen-treibhausgasen; (Zugriff: 22.03.2021).

[54] Vgl. Nadine Kümpel. Die CO2-Bilanz von Photovoltaik. Stand: 29. Juli 2021. https://www.wegatech.de/ratgeber/photovoltaik/grundlagen/co2-bilanz-photovoltaik/; i.V.m. Irene Bättig. DER CO2-FUSSABDRUCK VON SOLARSTROM: WIE KLIMAFREUNDLICH IST SOLARSTROM TATSÄCHLICH? https://www.sonnenenergie.de/sonnenenergie-redaktion/SE-2016-01/Layout-fertig/PDF/Einzelartikel/SE-2016-01-s030-Photovoltaik-CO2_Fussabdruck_von_Solarstrom.pdf; (Zugriff: 22.03.2021).

[55] Offshore-Anlagen werden nach dem derzeitigen Stand der Technik ausschließlich auf dem Festlandsockel, dem sogenannten Küstenvorfeld errichtet. Vgl. Bundesministerium für Wirtschaft und Energie. Technologien. https://www.erneuerbare-energien.de/EE/Navigation/DE/Technologien/technologien.html; (Zugriff: 23.03.2021).

[56] Vgl. Fred F. Müller. Unbequeme Wahrheiten bei der Energiebilanzierung. Stand: 31. Dezember 2014. https://ruhrkultour.de/unbequeme-wahrheiten-bei-der-energiebilanzierung/; i.V.m. Institut für Festkörper-Kernphysik. Der Energieerntefaktor. Stand: 22. August 2017. https://festkoerper-kernphysik.de/erntefaktor; i.V.m. Ajay Gupta. In: A Comprehensive Guide to Solar Energy Systems. https://www.sciencedirect.com/topics/engineering/energy-return-on-investment; (Zugriff: 23.03.2021).

[57] Vgl. Peter Markewitz. Lebensdaueranalyse fossil gefeuerter Kraftwerke. https://www.fz-juelich.de/SharedDocs/Downloads/IEK/IEK-STE/DE/Publikationen/preprints/2016/preprint_17_2016.pdf?__blob=publicationFile; i.V.m. Stellungnahme des Wissenschaftlichen Beirats des VGB PowerTech. Kraftwerke (KW) 2020+: Kraftwerksoptionen für die Zukunft und der damit verbundene Forschungsbedarf. https://www.vgb.org/vgbmultimedia/Kraftwerke2020plus_D-p-3926.pdf; (Zugriff: 23.03.2021).

[58] Vgl. de.wikipedia.org. Windkraftanlage. Stand: 8. August 2021. https://de.wikipedia.org/wiki/Windkraftanlage; Zugriff: 13.08.2021.

[59/60] Seltenerdmetalle bilden eine spezielle Gruppe von Elementen, die aufgrund ihrer besonderen Eigenschaften für zahlreiche Anwendungen insbesondere im Bereich der Elektronik wie beispielsweise Elektroautos und Energiesparlampen zum Einsatz kommen.

Vgl. Dr. Doris Schüler. Seltene Erden – Daten & Fakten. Stand: Januar 2011. https://www.oeko.de/fileadmin/pdfs/oekodoc/1110/2011-001-de.pdf; i.V.m. Fred F. Mueller. Die hässliche Kehrseite des „sauberen" Stroms. Stand: 13. Februar 2014. https://www.windland.ch/wordpress/?p=4696; (Zugriff: 23.03.2021).

[61] Vgl. Umwelthelden. Aluminium – allgegenwärtig, dreckig und energieintensiv. Stand: 24. Mai 2021. https://www.abenteuer-regenwald.de/bedrohungen/aluminium; (Zugriff: 23.03.2021).

[62] Vgl. Petra Horch, Dr. Verena Keller. Windkraftanlagen und Vögel – ein Konflikt? Stand: 2005. https://www.vogelwarte.ch/assets/files/projekte/konflikte/literaturrecherche_windkraft_voegel.pdf; i.V.m. Franz Trieb. Interference of Flying Insects and Wind Parks. Stand: 30. Oktober 2018. https://www.dlr.de/tt/Portaldata/41/Resources/dokumente/st/FliWip-Final-Report.pdf; (Zugriff: 19.09.2021).

[63] Vgl. PVS Solarstrom. CdTe - Grundmaterial für innovative Dünnschicht-Solarzellen. Stand: April 2021. https://photovoltaiksolarstrom.com/photovoltaiklexikon/cdte/; (Zugriff: 03.04.2021).

[64] Vgl. Bundesministerin der Justiz und für Verbraucherschutz. Baugesetzbuch. § 35 Bauen im Außenbereich. Stand: April 2021. https://www.gesetze-im-internet.de/bbaug/__35.html; (Zugriff: 03.04.2021).

[65] Vgl. STROM-REPORT. Daten, Fakten & Meinungen zum Solarstrom bis 2021: Photovoltaik in Deutschland. https://strom-report.de/photovoltaik/; i.V.m. Dr. Harry Wirth. Aktuelle Fakten zur Photovoltaik in Deutschland. Stand: 06. August 2021. https://www.ise.fraunhofer.de/content/dam/ise/de/documents/publications/studies/aktuelle-fakten-zur-photovoltaik-in-deutschland.pdf; (Zugriff: 13.08.2021).

[66] Vgl. ub.de Fachwissen. Lebensdauer einer Photovoltaikanlage. https://www.photovoltaik.org/wissen/lebensdauer-einer-photovoltaikanlage; (Zugriff: 03.04.2021).

[67] Vgl. Expertenkommission „Brandbekämpfung und technische Hilfeleistung". Einsatz an

Photovoltaikanlagen. Stand: Oktober 2010. https://www.techmaster.de/wp-content/uploads/2021/02/BSW_Feuerwehrbroschuere_2010.pdf; (Zugriff: 14.08.2021).

[68] Vgl. Dr.-Ing. Norbert Krzikalla, Siggi Achner, Stefan Brühl. Möglichkeiten zum Ausgleich

fluktuierender Einspeisungen aus Erneuerbaren Energien. Stand: April 2013. https://www.bee-ev.de/fileadmin/Publikationen/Studien/Plattform/BEE-Plattform-Systemtransformation_Ausgleichsmoeglichkeiten.pdf; (Zugriff: 31.08.2021).

[69] Vgl. Wolfgang Müller. Nachhaltigkeit – Was ist das? Stand: 28. Dezember 2013. https://www.eike-klima-energie.eu/2013/12/28/nachhaltigkeit-was-ist-das/; (Zugriff: 04.04.2021).

[70] Vgl. Fraunhofer-Institut für Windenergie und Energiesystemtechnik. Volllaststunden. https://web.archive.org/web/20171111150438/http://windmonitor.iwes.fraunhofer.de/windmonitor_de/3_Onshore/5_betriebsergebnisse/1_volllaststunden/; (Zugriff: 04.04.2021).

[71] Vgl. Werner Daldorf. Praxiserfahrungen mit der Wirtschaftlichkeit von Bürgerwindparks in Deutschland. Stand: 2013. http://www.energieagentur-goettingen.de/fileadmin/files/downloads/130213_Daldorf_Praxiserfahrungen_mit_BA_1_4rgerwindparks.pdf; (Zugriff: 04.04.2021).

[72] Vgl. Markus Estermeier. Investitionsrisiko Solarstrom. Stand: 06. Dezember 2011. https://www.eike-klima-energie.eu/2011/12/06/investitionsrisiko-solarstrom/; i.V.m. alanka9384. Bewertung von Windkraft-Beteiligungsangeboten. https://de.scribd.com/document/126560132/Bewertung-von-Windkraft-Beteiligungsangeboten; i.V.m. Fred F. Mueller. Nepp, Fallen und windige Versprechungen. https://ruhrkultour.de/nepp-fallen-und-windige-versprechungen/; (Zugriff: 04.04.2021).

⁷³ Vgl. Fred F. Mueller. SüdLink – noch mehr Milliarden für blanken Unfug. Stand: 3. März 2014. https://www.windland.ch/wordpress/?p=4714; Zugriff: 27.08.2021.

⁷⁴ Vgl. Eric Worrall. Lager: Die Achillesferse von Windturbinen. Stand: 27. August 2014.

https://www.eike-klima-energie.eu/2014/08/27/lager-die-achillesferse-von-windturbinen/; (Zugriff: 04.04.2021).

⁷⁵ Vgl. Bundesverband WindEnergie. Grundsätze für die Durchführung einer Bewertung und Prüfung über den Weiterbetrieb von Windenergieanlagen (BPW) an Land. Stand: Mai 2017. https://www.wind-energie.de/fileadmin/redaktion/dokumente/publikationen-oeffentlich/arbeitskreise/weiterbetrieb/Grundsaetze_Weiterbetrieb_04.2017_V6.3_final.pdf i.V.m. Fred F. Mueller. Nepp, Fallen und windige Versprechungen. https://ruhrkultour.de/nepp-fallen-und-windige-versprechungen/; (Zugriff: 04.04.2021).

⁷⁶ Vgl. Fred F. Mueller. Nepp, Fallen und windige Versprechungen. https://ruhrkultour.de/nepp-fallen-und-windige-versprechungen/; i.V.m. NAEB. https://www.naeb.info/; (Zugriff: 04.04.2021).

⁷⁷ Vgl. Bundesministerium für Umwelt, Naturschutz und nukleare Sicherheit. Was Strom aus erneuerbaren Energien wirklich kostet. Stand: 14. Juli 2005. https://www.bmu.de/pressemitteilung/was-strom-aus-erneuerbaren-energien-wirklich-kostet/; (Zugriff: 04.04.2021) i.V.m. Bundesverband der Energie- und Wasserwirtschaft. BDEW-Strompreisanalyse Juni 2021. Stand: August 2021. https://www.bdew.de/media/documents/BDEW-Strompreisanalyse_no_halbjaehrlich_Ba_online_10062021.pdf; (Zugriff: 14.08.2021).

⁷⁸ Vgl. Statistisches Bundesamt. Reallöhne und Nettoverdienste. Stand: 28. Juni 2021.

https://www.destatis.de/DE/Themen/Arbeit/Verdienste/Realloehne-Nettoverdienste/_inhalt.html; (Zugriff: 19.08.2021).

IV

Alternative Wege

¹ Die Idee zur Strukturierung dieses Kapitels ist übernommen aus: Fritz Vahrenholt und Sebastian Lüning, Unerwünschte Wahrheiten: Was Sie über den Klimawandel wissen sollten. Langen-Müller; 1. Edition. Stand: 17. September 2020.

² Der meiste Atommüll entsteht durch die Nutzung der Kernenergie – kleinere Mengen fallen in Medizin und Forschung an. Vgl. Horst Trummler. Neue Kernreaktor Konzepte: Der CANDU Reaktor. Stand: 30. Januar 2012. https://eike-klima-energie.eu/2012/01/30/neue-kernreaktor-konzepte-der-candu-reaktor/; (Zugriff: 15.08.2021).

³ Vgl. Umweltbundesamt. Daten und Fakten zu Braun- und Steinkohlen. Stand: Dezember 2017. https://www.umweltbundesamt.de/sites/default/files/

medien/1410/publikationen/171207_uba_hg_braunsteinkohle_bf.pdf; (Zugriff: 05.04.2021).

[4] Vgl. World Nuclear Association. Radioactive Waste – Myths and Realities. Stand: Februar 2021. https://www.world-nuclear.org/information-library/nuclear-fuel-cycle/nuclear-wastes/radioactive-wastes-myths-and-realities.aspx; i.V.m. de.wikipedia.org. Radioaktiver Abfall. https://de.wikipedia.org/wiki/Radioaktiver_Abfall#cite_note-3; (Zugriff: 05.04.2021).

[5] Allein im Jahr 2020 starben in Deutschland durchschnittlich sieben Menschen pro Tag bei Verkehrsunfällen. Eigentlich sogar eine „gute" Entwicklung, denn damit war die Zahl der Verkehrstoten und Verletzten auf tiefstem Stand seit mehr als 60 Jahren. Stand: 7. Juli 2021. https://www.destatis.de/DE/Presse/Pressemitteilungen/2021/07/PD21_321_46241.html; (Zugriff: 16.08.2021).

[6] Vgl. Fred F. Mueller. Was ist gefährlicher: Kernkraft, Windenergie oder Stauseen? Stand: 24. August 2014. https://www.windland.ch/wordpress/?p=4987; (Zugriff: 29.08.2021).

[7] Vgl. Dr. Lutz Niemann. Wie viele Menschenleben kostet erneuerbare Energie? Stand: 12. November 2009. https://www.eike-klima-energie.eu/2009/11/12/wie-viele-menschenleben-kostet-erneuerbare-energie/; (Zugriff: 05.04.2021).

[8] Vgl. Fred F. Mueller. Was ist gefährlicher: Kernkraft, Windenergie oder Stauseen? Stand: 24. August 2014. https://www.windland.ch/wordpress/?p=4987; i.V.m. Phil Simmons. The 25th Anniversary of the Chernobyl Accident. https://www.une.edu.au/__data/assets/pdf_file/0016/20158/econwp12-1.pdf; i.V.m. Hajo Zeeb et al. UNSCEAR 2017 Report: sources, effects and risks of ionizing radiation. Stand: March 2018. http://www.unscear.org/docs/publications/2017/UNSCEAR_2017_Report.pdf; (Zugriff: 05.04.2021).

[9] Vgl. ZEIT ONLINE, AFP, sre. Japan bestätigt Tod von Fukushima-Arbeiter durch Strahlung. Stand: 6. September 2018. https://www.zeit.de/gesellschaft/zeitgeschehen/2018-09/atomkatastrophe-japan-fukushima-strahlung-todesfall?utm_referrer=https%3A%2F%2Fde.wikipedia.org%2F; Zugriff: 16.08.2021.

[10] Vgl. Dr. Hermann Hinsch. Entsorgung radioaktiver Abfälle. Stand: 23. Oktober 2014. https://nuklearia.de/2014/10/23/entsorgung-radioaktiver-abfaelle/; (Zugriff: 05.04.2021).

[11] Vgl. SKB. We take care of the Swedish radioactive waste. Stand: April 2021. https://www.skb.com/; (Zugriff: 05.04.2021).

[12] Vgl. Dr. Christoph Pistner et al. Sicherheitstechnische Analyse und Risikobewertung einer Anwendung von SMR-Konzepten (Small Modular Reactors). Stand: März 2021. https://doris.bfs.de/jspui/bitstream/urn:nbn:de:0221-2021030826028/5/gutachten-small-modular-reactors.pdf; i.V.m. Elodie Broussard. New Recommendations on Safety of SMRs from the SMR Regulators' Forum. Stand: April 2020. https://www.iaea.org/newscenter/news/new-recommendations-on-safety-of-smrs-from-the-smr-regulators-forum; (Zugriff: 05.04.2021).

[13] Vgl. Dr. Christoph Pistner et al. Sicherheitstechnische Analyse und Risiko-

bewertung einer Anwendung von SMR-Konzepten (Small Modular Reactors). https://www.base.bund.de/SharedDocs/Downloads/BASE/DE/berichte/kt/gutachten-small-modular-reactors.pdf:jsessionid=4CAFCA82C272D-24FF42D537974C68224.2_cid339?__blob=publicationFile&v=5; (Zugriff: 05.04.2021).

[14] Vgl. TerraPower. A Nuclear Innovation Company. https://www.terrapower.com/; (Zugriff: 05.04.2021).

[15] Vgl. Marcus Theurer. Mini-Atomkraftwerke für den Klimaschutz. Stand: 05. Februar 2021. https://www.faz.net/aktuell/wirtschaft/klima-energie-und-umwelt/energiewende-mini-atomkraftwerke-fuer-den-klimaschutz-17159942.html; (Zugriff: 05.04.2021).

[16] Vgl. CNBC Television. President Donald Trump's full speech at the Davos World Economic Forum. Stand: 21. Januar 2020. https://www.youtube.com/watch?v=h2O3Z3IAkUc; i.V.m. Utopia. Die „Trillion Tree Campaign" will eine Billion Bäume pflanzen. Stand: 16. Dezember 2019. https://utopia.de/sponsored-content/trillion-tree-campaign-billion-baeume-pflanzen/; (Zugriff: 06.04.2021).

[17] Vgl. Fritz Vahrenholt und Sebastian Lüning, Unerwünschte Wahrheiten: Was Sie über den Klimawandel wissen sollten. Langen-Müller; 1. Edition. Stand: 17. September 2020. i.V.m. 1t.org (an initiative of the World Economic Forum). A platform for the trillion tree community. https://www.1t.org/; (Zugriff: 06.04.2021).

[18] Vgl. Stiftung Unternehmen Wald. Wie viel Kohlendioxid (CO2) speichert der Baum bzw. der Wald. https://www.wald.de/waldwissen/wie-viel-kohlendioxid-co2-speichert-der-wald-bzw-ein-baum/; (Zugriff: 06.04.2021).

[19] Vgl. Jean-Francois Bastin, Yelena Finegold, Claude Garcia, et al. The global tree restoration potential. Stand: 05. Juli 2019. https://science.sciencemag.org/content/365/6448/76; i.V.m. ETZ Zürich. Wie Bäume helfen könnten, das Klima zu retten. Stand: 04.Juli 2019. https://ethz.ch/de/news-und-veranstaltungen/eth-news/news/2019/07/wie-baeume-das-klima-retten-koennten.html; (Zugriff: 06.04.2021).

[20] Vgl. Bundesministerium für Ernährung und Landwirtschaft. Kohlenstoffinventur 2017. Stand: 9. Mai 2019. https://www.bundeswaldinventur.de/kohlenstoffinventur-2017/; (Zugriff: 06.04.2021).

[21] Vgl. Gert Jan Nabuurs, Omar Masera. Forestry. Stand: Februar 2018. https://www.ipcc.ch/site/assets/uploads/2018/02/ar4-wg3-chapter9-1.pdf; (Zugriff: 06.04.2021).

[22] Vgl. Mark Zastrow. China's tree-planting drive could falter in a warming world. Stand: 23. September 2019. https://www.nature.com/articles/d41586-019-02789-w; (Zugriff: 06.04.2021).

[23] Vgl. PRIMAKLIMA. Projekt wählen. https://www.primaklima.org/baeume-verschenken/; i.V.m. Plant-for-the-Planet Foundation. Warum die Welt 1.000 Milliarden Bäume mehr braucht! https://www.plant-for-the-planet.org/de/informieren/baeume-sind-genial-2; (Zugriff: 06.04.2021).

[24] Vgl. Fritz Vahrenholt, Roland Tichy. 7.600 Milliarden fürs Klima. Stand: 16. August 2019. https://www.tichyseinblick.de/daili-es-sentials/7-600-milliarden-fuers-klima/; (Zugriff: 06.04.2021).

[25] Vgl. Bundesministerium für Umwelt, Naturschutz und nukleare Sicherheit. Fragen und Antworten zur Einführung der CO2-Bepreisung zum 1. Januar 2021. Stand: 21. Dezember 2020. https://www.bmu.de/service/haeufige-fragen-faq/fragen-und-antworten-zur-einfuehrung-der-co2-bepreisung-zum-1-januar-2021/; (Zugriff: 06.04.2021).

[26] Vgl. Umweltbundesamt. Treibhausgas-Emissionen in der Europäischen Union. Stand: 25. August 2020. https://www.umweltbundesamt.de/daten/klima/treibhausgas-emissionen-in-der-europaeischen-union#grosste-emittenten; (Zugriff: 06.04.2021).

[27] Vgl. Prof. Dr. Manuel Frondel, Nolan Ritter. Die ökonomischen Wirkungen der Förderung erneuerbarer Energien in der Schweiz. Stand: April 2010. https://www.rwi-essen.de/media/content/pages/publikationen/rwi-projektberichte/PB_Foerderung-Erneuerbarer-Energien-Schweiz.pdf; (Zugriff: 31.08.2021).

V
Schlussbetrachtung

[1] Vgl. Bundesministerium für Umwelt, Naturschutz und nukleare Sicherheit. FAQ Kohleausstiegsgesetz. Stand: 18. August 2021. https://www.bmu.de/themen/klimaschutz-anpassung/klimaschutz/nationale-klimapolitik/fragen-und-antworten-zum-kohleausstieg-in-deutschland; (Zugriff: 20.09.2021).

[2] Vgl. Die Bundesregierung. Klimaschutzgesetz 2021. Generationenvertrag für das Klima. Stand: August 2021. https://www.bundesregierung.de/breg-de/themen/klimaschutz/klimaschutzgesetz-2021-1913672/; (Zugriff: 20.09.2021).

[3] Vgl. Karen Pittel, Hans-Martin Henning. Was uns die Energiewende wirklich kosten wird. Stand: 12. Juli 2019. https://www.ifo.de/node/43785; (Zugriff: 07.04.2021).

[4] Vgl. RND/dpa. Versorger stellten wegen unbezahlter Rechnungen 289.000 Haushalten Strom ab. Stand: 07. Oktober 2020. https://www.rnd.de/wirtschaft/versorger-stellten-wegen-unbezahlter-rechnungen-289000-haushalten-strom-ab-IPG2LMXRWFSQMOB66XRFCY3HDM.html; i.Vm. Bundesnetzagentur für Elektrizität, Gas, Telekommunikation, Post und Eisenbahnen sowie Bundeskartellamt. Monitoringbericht 2019. Stand: 13. Januar 2020. https://www.bundesnetzagentur.de/SharedDocs/Mediathek/Berichte/2019/Monitoringbericht_Energie2019.pdf;jsessionid=80B8EA95A330E937E20480FF-75BB3B8D?__blob=publicationFile&v=6; (Zugriff: 07.04.2021).